高等学校自动化类专业系列教材

测控技术及仪器专业工程实训教程

主编　赵伟杰　薛凌云

U0378047

西安电子科技大学出版社

内 容 简 介

　　工程实训是大学生理论联系实际的必要环节,本书将信息类专业工程实训中涉及的基础知识做了梳理。全书共分为三大部分,第一部分(第1～3章)为基础训练篇,介绍了信息类专业工程实训所需的基础知识,包括基本元器件、常规仪器的使用方法以及常用的软硬件开发工具。第二部分(第4～6章)为实践训练篇,包含系统模块介绍及训练、模块组合使用训练及测控仪器系统训练等内容。第三部分为创新训练篇,给出了7个实践训练项目。全书采用基础—提高—创新的顺序,由浅入深、循序渐进地安排内容,以便于学生顺利实现实训目标。

　　本书可作为高等院校自动化、电子信息科学与技术、测控技术及仪器、生物医学工程等专业学生的实训参考教材,也可为学生参加大学生电子设计竞赛等提供参考。

图书在版编目(CIP)数据

测控技术及仪器专业工程实训教程 / 赵伟杰,薛凌云主编. —西安:西安电子科技大学出版社,2021.3(2023.7 重印)
ISBN 978-7-5606-5692-2

Ⅰ. ① 测… Ⅱ. ① 赵… ② 薛… Ⅲ. ① 电子测量设备—高等学校—教材
Ⅳ. ① TM93

中国版本图书馆 CIP 数据核字(2020)第 081320 号

策　　划　陈　婷
责任编辑　许青青
出版发行　西安电子科技大学出版社(西安市太白南路 2 号)
电　　话　(029)88202421　88201467　　邮　　编　710071
网　　址　www.xduph.com　　　　　　电子邮箱　xdupfxb001@163.com
经　　销　新华书店
印刷单位　西安日报社印务中心
版　　次　2021 年 3 月第 1 版　　2023 年 7 月第 2 次印刷
开　　本　787 毫米×1092 毫米　1/16　印　张　10.5
字　　数　242 千字
定　　价　28.00 元
ISBN 978-7-5606-5692-2 / TM

XDUP 5994001-2
如有印装问题可调换

前　言

本书从测控技术与仪器专业需求出发，结合工程认证要求，分为基础训练篇、实践训练篇和创新训练篇。基础训练篇主要包括常规器件介绍、常规仪器介绍、常用应用软件；实践训练篇主要包括系统模块介绍及训练、模块组合使用训练、测控仪器系统训练；创新训练篇主要包括 7 个实践训练项目。全书通过三个层次的训练，系统地引导读者从基本原理知识入手，应用数学、物理学的基本原理，通过查阅文献研究和分析复杂工程问题，针对复杂工程问题形成总体解决方案，并进行详细设计、调试与测评，最后设计出满足特定需求的单元部件或系统，帮助读者实现从原理知识到实践应用的过渡与衔接，为提升读者未来的社会服务能力奠定基础。

使用本书需要一定的前期知识积累，读者在学过 C 语言、单片机技术、电路原理、模拟电路和数字电路的相关知识后即可基于本书开始设计简单的功能应用电路。

本书具有如下特色：

(1) 采用由浅入深、逐层提高难度的架构模式，具有普适性。

(2) 提供电路原理图及其配套实验平台，读者可依据电路原理图自行搭建相关平台，亦可直接选用配套平台。

(3) 提供了示例程序。读者在完成理论学习的基础上，可以基于实验平台，选用示例程序或自行编写实验程序，完成单片机各接口模块的验证实验以及单片机的课程设计。

(4) 采用模块化架构思想。读者完成基本接口模块的训练后，可根据应用需求，借助书中所提供的模块原理图，自主搭建测控系统(可以自行制作、安装、调试并验证其功能，亦可以利用平台资源，采用教材配套的硬件模块验证其功能)。读者通过系统搭建、软件编程、扩展应用等实战训练后，即具备基本的单片机设计开发能力。

(5) 所提供的主控系统(电路原理及平台)具有丰富的可扩展端口及良好的扩展性，读者可根据课程实践或应用需求自主设计新的功能模块，与主系统及其平台资源对接。

(6) 提供丰富的创新训练案例。书中通过实践训练项目，培养读者的创新设计理念，训练其对测控系统的创新设计能力。经过这些训练，读者在具备一定的硬件设计、软件开发能力后，可完成芯片选型、硬件制作、系统联调、性能测评等工作。

(7) 提供分层/分类培训手段。书中基础训练、实践训练和创新训练三个层次逐级提升，有利于针对不同读者的就业需求开展相关训练。

赵伟杰、薛凌云担任本书主编。本书在编写过程中得到了张时、王宇宸、王斌强、陈海涛、穆冠颖、吴松、曹煜等学生的大力支持，他们为本书的插图、程序验证等做了大量工作，在此表示感谢。

由于编者水平有限，书中难免有不妥之处，敬请读者批评指正！恳请将您的宝贵意见发送至 11034433@qq.com，与编者进一步沟通和交流。

编　者

2020 年 12 月

目　　录

基 础 训 练 篇

第1章　常规器件介绍 2

  1.1　电阻 2

    1.1.1　概念 2

    1.1.2　常见电阻的类型 2

    1.1.3　常见电阻的实物图 2

    1.1.4　电阻的主要参数 3

    1.1.5　电阻阻值的识别 4

  1.2　电容 5

    1.2.1　概念 5

    1.2.2　常见电容的类型及特点 5

    1.2.3　常见电容的实物图 6

    1.2.4　电容的主要性能参数 6

    1.2.5　电容规格的标注方式 6

  1.3　电感 7

  1.4　二极管 8

    1.4.1　概念 8

    1.4.2　常见二极管 9

    1.4.3　二极管极性的判别方式 10

    1.4.4　二极管的重要参数 10

    1.4.5　二极管相关电路 11

  1.5　三极管 12

    1.5.1　三极管基础知识 12

    1.5.2　三极管的分类 12

    1.5.3　常见三极管的实物图 13

    1.5.4　三极管的重要参数 13

    1.5.5　利用数字万用表分辨三极管引脚 14

    1.5.6　三极管常用电路 14

  1.6　金属氧化物半导体场效应管(MOSFET) 15

    1.6.1　概念 15

    1.6.2　MOSFET 驱动 16

    1.6.3　常见 MOS 管的实物图 16

    1.6.4　MOS 管的主要参数 16

    1.6.5　MOS 管应用电路 17

1.7　集成运算放大器 17

　　1.7.1　基础知识 17

　　1.7.2　运放的分类 18

　　1.7.3　运放的重要特性 18

　　1.7.4　常见集成运放的实物图 18

　　1.7.5　运放的主要参数 19

　　1.7.6　集成运算放大器相关电路 20

1.8　变压器 24

　　1.8.1　概念 24

　　1.8.2　变压器的常用参数及参数识别方法 25

　　1.8.3　变压器的实用电路 26

　　1.8.4　其他变压器 26

1.9　继电器 27

　　1.9.1　概念 27

　　1.9.2　常见继电器 27

　　1.9.3　常见继电器的实物图 27

　　1.9.4　继电器的常用参数 27

　　1.9.5　继电器的驱动电路 28

第2章　常规仪器介绍 29

2.1　直流稳压稳流电源 29

　　2.1.1　面板介绍 29

　　2.1.2　双路直流稳压稳流电源的三种工作模式 30

2.2　台式数字万用表 31

2.3　手持式数字万用表 34

2.4　函数信号发生器 35

2.5　示波器 36

第3章　常用应用软件 41

3.1　单片机开发软件 Keil C51 41

　　3.1.1　概述 41

　　3.1.2　软件安装 41

　　3.1.3　单片机信息添加 42

　　3.1.4　建立第一个工程 43

　　3.1.5　点亮一盏灯 46

　　3.1.6　下载程序 48

3.2　硬件设计工具 DXP 49

　　3.2.1　AD 软件简要配置 50

　　3.2.2　创建 PCB 工程 51

3.2.3	原理图设计	52
3.2.4	元器件选取	52
3.2.5	原理图布线	54
3.2.6	PCB 布线	55
3.2.7	走线布板	56
3.2.8	裁板	57
3.2.9	PCB 布板注意事项(手工制板)	58
3.2.10	焊接注意事项	58

实践训练篇

第4章	系统模块介绍及训练	60
4.1	STC15 系列 8051 单片机软硬件联调	60
4.1.1	STC15F2K60S2 单片机概述	60
4.1.2	程序下载模块及方法	60
4.2	显示模块	61
4.2.1	数码管显示及驱动	61
4.2.2	液晶显示模块	63
4.3	键盘模块	73
4.4	串口通信	77
4.5	模/数转换器(ADC)TLC1549 模块	82
4.6	数/模转换器(DAC)TLC5615 模块	84
4.7	温度传感器 DS18B20	86
4.8	H 桥驱动	93
4.9	信号调理模块	96
4.10	红外发射及接收模块	98
4.11	存储模块	99
4.12	其他工作模块	103
第5章	模块组合使用训练	106
5.1	流水灯设计	106
5.2	电子钟	110
5.3	上位机控制 LED 流水灯	120
5.4	直流电机调速系统	123
5.5	环境温度检测及报警系统	128
第6章	测控仪器系统训练	130
6.1	巡检仪	130
6.2	步进电机控制系统	130
6.3	直流电机控制系统	132

6.4　生物电子检测系统 133

创 新 训 练 篇

第 7 章　实践训练项目 140

7.1　简易电子秤 140

7.2　数字频率计 142

7.3　温度自动控制系统 144

7.4　LCR 测试仪 147

7.5　手写绘图板 149

7.6　人体参数综合监测系统 154

7.7　数字示波器 155

参考文献 159

基础训练篇

第1章 常规器件介绍

1.1 电 阻

1.1.1 概念

电阻器通常简称为电阻，是一种限流元件。电阻的主要物理特征是变电能为热能，也可以说是一个耗能元件。电阻在电路中通常起分压、限流等作用。端电压与电流有确定的函数关系，用字母 R 来表示，单位为欧姆 Ω。常见电阻的电气符号如图 1.1 所示。

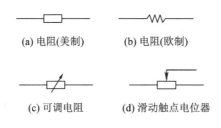

(a) 电阻(美制)   (b) 电阻(欧制)

(c) 可调电阻   (d) 滑动触点电位器

图 1.1 常见电阻的电气符号

1.1.2 常见电阻的类型

常见电阻可分为以下几类：

普通电阻：性能较差，在要求不高的电路中广泛使用。

可调电阻：电阻的阻值可以调整。

精密电阻：是指阻值误差、热稳定性(温度系数)、分布参数(分布电容和分布电感)均较好的电阻。精密电阻按材料可分为金属膜精密电阻、线绕精密电阻和金属箔精密电阻三种。

敏感电阻：阻值会受到外界环境的改变而改变，常见的有光敏电阻、温敏电阻。光敏电阻的阻值随着光照强度的增加而减小。温敏电阻的阻值随着温度的变化而变化，根据阻值的变化方向分为正温度系数(PTC)和负温度系数(NTC)两种。

功率电阻：主要作为负载使用，常见的有水泥电阻、涂覆线绕电阻等。

1.1.3 常见电阻的实物图

常见电阻的实物图如图 1.2 所示。

图 1.2　常见电阻的实物图

1.1.4　电阻的主要参数

固定电阻的主要参数有标称阻值和功率。

人们在使用中最关心电阻阻值有多大，这一阻值称为电阻的标称阻值。在生产过程中，鉴于成本的考虑和技术原因，无法制作和标称阻值完全一样的电阻，所以存在误差。误差越高，器件的成本越低，常见的误差有±5%、±10%、±20%。精密电阻的误差要求更高，有的高达 0.001%。

额定功率是指电阻在额定工作条件下所允许承受的最大功率，单位为 W，一般电路中使用 1/8 W 的电阻。功率一般和电阻的体积成正比，电阻的尺寸一般使用英制单位表示。常见的贴片电阻尺寸与功率对照表如表 1.1 所示，卧式安装的直插电阻焊盘中心距与功率对照表如表 1.2 所示。

表 1.1　常见的贴片电阻尺寸与功率对照表

英制代码	公制代码	长/mm	宽/mm	功率/W
0201	0603	0.60	0.30	1/20
0402	1005	1.00	0.50	1/16
0603	1608	1.8	0.80	1/10
0805	2012	2.00	1.25	1/8
1206	3216	3.20	1.60	1/4

表 1.2　卧式安装的直插电阻焊盘中心距与功率对照表

焊盘中心距/inch	0.3	0.4	0.5	0.6	0.8
功率/W	1/8	1/4	1/2	1	2

注：1 inch = 25.4 mm。

1.1.5　电阻阻值的识别

在实际应用中，电阻阻值通常采用两种方式标注：一种是用数字与单位直接标注的方式，称为直标法；另一种是利用色环来标注其阻值的方式，称为色标法。

1．直标法

直标法主要用于标注体积较大的电阻，该法将阻值和允许偏差直接用数字标在电阻器上。

直标法又分为字母数字混标法和直接数字标注法。

采用字母数字混标法时，用字母表示单位(比如 k 表示单位为 kΩ，R 表示单位为 Ω)，利用字母代替小数点进行标注。例如，"1R8"代表 1.8 Ω，"5k7"代表 5.7 kΩ。

直接数字标注法又分为 3 位数表示法和 4 位数表示法。

在 3 位数表示法中，前 2 位为有效数字，第 3 位表示有效数字后有几个零，单位为 Ω。比如，在贴片电阻中标出"103"(如图 1.3 所示)，它表示 $10 \times 10^3\Omega$。在 4 位数表示法中，前 3 位表示有效数字，第 4 位表示有多少个零，单位是 Ω。比如，在贴片电阻中标出"5102"，它表示 $510 \times 10^2\Omega$。3 位数表示法和 4 位数表示法在精度上也有区别，3 位数表示法的电阻精度一般为 5%，而 4 位数表示法的电阻精度一般为 1%。

图 1.3　电阻器的 3 位数表示法和 4 位数表示法

2．色标法

采用色标法时，各颜色代表的含义如图 1.4 所示。

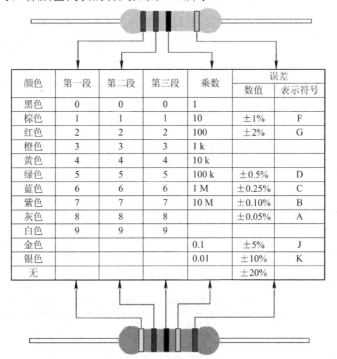

颜色	第一段	第二段	第三段	乘数	误差	
					数值	表示符号
黑色	0	0	0	1		
棕色	1	1	1	10	±1%	F
红色	2	2	2	100	±2%	G
橙色	3	3	3	1 k		
黄色	4	4	4	10 k		
绿色	5	5	5	100 k	±0.5%	D
蓝色	6	6	6	1 M	±0.25%	C
紫色	7	7	7	10 M	±0.10%	B
灰色	8	8	8		±0.05%	A
白色	9	9	9			
金色				0.1	±5%	J
银色				0.01	±10%	K
无					±20%	

图 1.4　采用色标法时各颜色代表的含义

1.2　电　　容

1.2.1　概念

电容的特点是对直流信号和交流信号具有自动识别能力,对交流信号的频率具有敏感性,能对不同频率的交流信号做出容抗大小不等的反应。因此,电容是对信号处理不可或缺的元器件,利用电容对不同频率交流信号所呈现的容抗变化,可以构成各种功能的电容应用电路。常见电容的电气符号如图 1.5 所示。

(a) 固定电容　　　(b) 极化电容　　　(c) 可变电容　　　(d) 微调电容

图 1.5　常见电容的电气符号

1.2.2　常见电容的类型及特点

1. 陶瓷电容

常用的陶瓷电容有独石电容、瓷片电容。独石电容的容量大,体积小,可靠性强,电容量稳定,耐高温性好,被广泛应用于精密电子仪器中,用于谐振电路、耦合电路、滤波电路、旁路电路中。瓷片电容具有良好的稳定性、绝缘性,但是容量比较小,在电路中一般用作回路电容、旁路电容。多层(积层、叠层)贴片式陶瓷电容是目前最常用的贴片电容。

2. 铝电解电容

铝电解电容的容量大,但是寄生电阻和寄生电感大,高频性能差,适用于电源滤波或低频电路中。铝电解电容有正、负极性之分,在外壳上会使用"−"标出负极性引脚的位置。使用时,切记正、负极不要接反。

3. 钽电容

钽电容的全称是钽电解电容,是电解电容的一种,使用金属钽作为介质,本身几乎没有电感,很适合在高温下工作,具有长寿命和高可靠性等优势。固体钽电容的电性能优良,工作温度范围宽,而且形式多样,体积效率优异。钽电容的寄生参数较小,耐压一般不高于 35 V。

4. 薄膜电容

薄膜电容的结构与纸介电容的相同,介质是涤纶或聚苯乙烯。涤纶薄膜电容的介电常数较大,体积小,容量大,稳定性较好,适宜作旁路电容。聚苯乙烯薄膜电容的介质损耗小,绝缘电阻高,但温度系数大,可用于高频电路。常用的薄膜电容有聚丙烯(CBB)电容和金属化聚丙烯膜(MKP)电容。

1.2.3 常见电容的实物图

常见电容的实物图如图 1.6 所示。

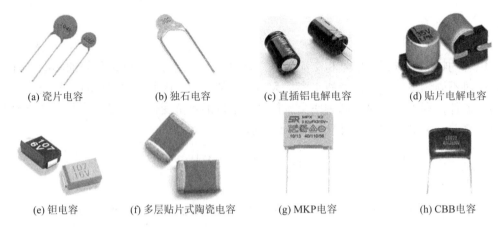

(a) 瓷片电容   (b) 独石电容   (c) 直插铝电解电容   (d) 贴片电解电容

(e) 钽电容   (f) 多层贴片式陶瓷电容   (g) MKP电容   (h) CBB电容

图 1.6　常见电容的实物图

1.2.4 电容的主要性能参数

1. 标称容量

电容的标称容量是描述电容容量大小的参数，单位为法(F)。在实际应用中，以"法"为单位的电容很少见到，常见的是其他拓展单位：微法(μF)和皮法(pF)。其单位换算公式如下：

$$1\,\mathrm{F} = 10^6\,\mu\mathrm{F} = 10^{12}\,\mathrm{pF} \tag{1.1}$$

2. 耐压

耐压也叫额定工作电压，是指电容在规定的温度范围内能够长期可靠工作而承受的加在它两极的最高电压。在实际设计中，额定工作电压应大于实际工作电压的 1.5 倍。

3. 漏电电阻

电容中的电介质不是绝对绝缘的，当通上直流电的时候，或多或少地会有电流通过，通常称之为漏电。当漏电情况较严重时，电容发热，甚至会导致电容损坏。在电源设计中，滤波电路应当使用漏电电阻较小的电容。

1.2.5 电容规格的标注方式

电容规格的标注方式包括两种：直标法和 3 位数表示法。

(1) 直标法：对于容量较大的电容器，一般直接将电容的参数标注在电容的外壳上。

(2) 3 位数表示法：前 2 位为有效数字，第 3 位表示有效数字后有几个零，单位为 pF。比如，在电容器上标出"103"，表示 $10 \times 10^3\,\mathrm{pF}$。

1.3 电 感

1. 概念

当线圈通过电流后，在线圈中形成感应磁场，感应磁场又会产生感应电流来抵制通过线圈中的电流，这种电流与线圈的相互作用关系称为感抗。感抗是电感的核心特性，其单位是亨利(H)。电感的最基本作用是抑制流过它的电流突然变化。在交流情况下，电感的阻抗随着频率的增加而增大。因此，电感的作用是阻止高频信号通过，允许低频信号通过。电感的电气符号如图 1.7 所示。

图 1.7 电感的电气符号

2. 常见电感及其特点

(1) 空芯电感：电感中没有铁芯或磁芯，是一个空芯线圈，适用于要求频率范围较宽的场合。

(2) 有芯电感：相比于空芯电感，其电感量更大，分为磁芯电感和铁芯电感。磁芯电感的电感量比铁芯电感的大。

(3) 共模电感(Common Mode Choke)：也叫共模扼流圈，常用于开关电源中过滤共模的电磁干扰信号。共模电感由软磁铁芯和两组同向绕制的线圈构成。对于共模信号，由于两组线圈产生的磁场不是消除，而是相互叠加，因此铁芯被磁化。由于铁芯材料的磁导率高，因此铁芯将产生一个大的电感，线圈感抗使共模信号的通过受到了抑制。

3. 常见电感的实物图

常见电感的实物图如图 1.8 所示。

(a) 贴片共模电感　　　(b) 直插共模电感　　　(c) 屏蔽式功率电感

(d) 线绕电感　　　(e) 直插电感　　　(f) 空芯电感

图 1.8 常见电感的实物图

4. 电感的主要参数

电感量是电感的一个重要参数。电感的电感量大小与线圈结构有关，线圈匝数越大，电感量越大。在匝数相同时，线圈添加磁芯后，电感量增大。品质因数 Q 是表示线圈质量的一个物理量。线圈的 Q 值愈大，回路损耗愈小，效率愈高。采用磁芯线圈、多股粗线圈均可提高线圈的 Q 值。

额定电流指通过电感器的最大电流量。当工作电流大于额定电流时，磁芯内部磁场饱和，电感量急剧减小，对外等效于短路，有损坏外部电路的风险。

5．电感大小的分辨方法

额定电感量会标注在电感器上，以方便使用，一般使用的是 3 位数表示法。在 3 位数表示法中，前两位为有效数字，第 3 位表示有效数字后有几个零，单位为 μH。比如，贴片电感器标出"331"，表示 33×10^1 μH。

1.4 二 极 管

1.4.1 概念

二极管内部的 PN 结具有单向导电性。二极管的工作大致分为三种状态：正向导通、反向截止、反向击穿。

(1) 正向导通。当二极管两端加正向电压且电压很小时，不足以克服 PN 结形成内部电场，二极管处于截止状态，此时的电压称为二极管的死区电压。当电压达到一定值(这个值称为二极管的正向导通电压，一般硅管的正向导通电压为 0.7 V，锗管的为 0.3 V)时，二极管导通。当二极管导通后，它两端的压降处于稳定状态。

(2) 反向截止。当二极管两端加反向电压且不超过一定值(该值为二极管的反向击穿电压，后面会做详细介绍)时，通过二极管的电流是少数载流子的漂移运动形成的反向电流，该电流很小，可以认为此时管子是截止状态。这一特性说明二极管具有单向导电性。

(3) 反向击穿。当二极管两端所加反向电压达到一定值(即反向击穿电压)时，反向电流会突然增大，这种现象称为电击穿(反向击穿按机理可以分为齐纳击穿和雪崩击穿)。被击穿的二极管会失去单向导电性，因此在使用二极管时应避免反向电压过大。二极管的这一特性常用在保护电路中，用于防止某一器件两端电压过高。

常见二极管的电气符号如图 1.9 所示。

(a) 普通二极管   (b) 发光二极管   (c) 变容二极管   (d) 稳压二极管

图 1.9 常见二极管的电气符号

硅管的伏安特性如图 1.10 所示。

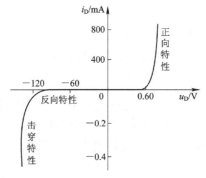

图 1.10 硅管的伏安特性曲线

1.4.2 常见二极管

二极管在电路中主要起整流、稳压、保护等作用。下面介绍常见的几种二极管。

1. 整流二极管

整流二极管的作用是将交流电整流成脉动直流电,它利用二极管的单向导电特性工作。由于整流电路通常为桥式整流电路,因此一些生产厂家将 4 个整流二极管封装在一起,称为整流堆。选用整流二极管时,主要应考虑其额定整流电流、最大反向工作电流、截止频率及反向恢复时间等参数。普通串联稳压电源电路中使用的整流二极管,对截止频率和反向恢复时间的要求不高,只要根据电路的要求选择额定整流电流和最大反向工作电流符合要求的整流二极管(如 1N 系列、2CZ 系列、RLR 系列等)即可。开关稳压电源的整流电路及脉冲整流电路中使用的整流二极管,应选用工作频率较高、反向恢复时间较短的快恢复二极管或肖特基二极管,如 FR 系列、MBR 系列等。

2. 稳压二极管

稳压二极管又称齐纳二极管。稳压二极管是利用 PN 结反向击穿时电压基本上不随电流变化而变化的特性来达到稳压目的的。因为它在电路中起稳压作用,所以称之为稳压二极管(简称稳压管)。稳压二极管是根据击穿电压来分级的,其稳压值就是击穿电压值。稳压二极管主要作为稳压器或电压基准元件使用。将稳压二极管串联起来可以得到较高的稳压值。在实际应用中,稳压二极管应满足应用电路中主要参数的要求,其稳定电压值应与应用电路的基准电压值相同,最大稳定电流应高于应用电路的最大负载电流的50%。

3. 开关二极管

二极管在正向偏置下导通电阻很小,而在施加反向偏压使其截止时截止电阻很大。在开关电路中利用二极管的这种单向导电性就可以接通和关断电流,通常把用于这一目的的二极管称为开关二极管。开关二极管主要应用于收录机、电视机、影碟机等家用电器及电子设备的开关电路、检波电路、高频脉冲整流电路等。

4. 快速恢复二极管

快速恢复二极管是一种新型半导体二极管。这种二极管的开关特性好,反向恢复时间短,通常作为整流二极管用于高频开关电源中。快速恢复二极管的重要参数是反向恢复时间。反向恢复时间的概念是:二极管从正向导通状态急剧转换到截止状态,从输出脉冲下降到零开始,到反向电源恢复到最大反向电流的10%所需要的时间。当工作频率为几十至几百千赫兹时,普通二极管正反向电压变化的时间慢于恢复时间,普通二极管就不能正常单向导通,此时要用快速恢复二极管才能胜任。

5. 发光二极管

发光二极管(LED)除具有普通二极管的单向导电特性之外,还可以将电能转换为光能。给发光二极管外加正向电压时,它处于导通状态,当正向电流流过管芯时,发光二极管就会发光,将电能转换成光能。发光二极管的发光颜色主要由制作管子的材料以及掺入杂质的种类决定。目前常见的发光二极管的发光颜色有蓝色、绿色、黄色、红色、橙色、白色等。其中,白色发光二极管是新型产品,主要应用在手机背光灯、液晶显示器背光灯、照明等领域。发光二极管的工作电流通常为 2~25 mA，工作电压(即正向压降)随着材料的不同而不同(普通绿色、黄色、红色、橙色发光二极管的工作电压约为 2 V，白色发光二极管的工作电压通常高于 2.4 V，蓝色发光二极管的工作电压通常高于 3.3 V)。发光二极管的工作电流不能超过额定值太高，否则有烧毁的危险，故通常在发光二极管回路中串联一个电阻作为限流电阻。红外发光二极管是一种特殊的发光二极管，其外形和发光二极管相似，只是它发出的是红外光，在正常情况下人眼是看不见的，其工作电压约为 1.4 V，工作电流一般小于 20 mA。

常见二极管的实物图如图 1.11 所示。

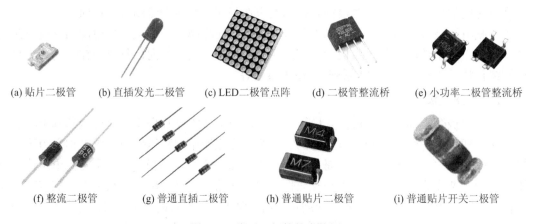

　(a) 贴片二极管　　(b) 直插发光二极管　　(c) LED二极管点阵　　(d) 二极管整流桥　　(e) 小功率二极管整流桥

　　(f) 整流二极管　　　(g) 普通直插二极管　　　(h) 普通贴片二极管　　　(i) 普通贴片开关二极管

图 1.11　常见二极管的实物图

1.4.3　二极管极性的判别方式

所有二极管封装都有阴阳极标识。一般通过引脚长短、+、－、横线指示等方法来标识二极管的阳极和阴极。例如，直插发光二极管的长脚为正极；普通贴片二极管的一边会有横线或色环，用于指示负极。

1.4.4　二极管的重要参数

1. 最大整流电流

最大整流电流是指二极管长时间使用时允许通过二极管的最大正向平均电流。因为电流通过管子时会使管芯发热，温度上升，若温度超过容许限度(硅管为 140℃左右，锗管为90℃左右)，就会使管芯过热而损坏，所以，在使用中通过二极管的电流不要超过其最大整流电流。

2. 最大浪涌电流

最大浪涌电流是允许流过的过量正向电流。它不是正常电流，而是瞬间电流，其值通常为额定正向工作电流的 20 倍左右。

3. 最高反向工作电压

加在二极管两端的反向电压高到一定值时，管子将会被击穿，失去单向导电能力，此时的反向电压称为最高反向工作电压。

4．反向电流

反向电流是指二极管在规定的温度和最高反向工作电压的作用下流过二极管的反向电流。反向电流越小，管子的单向导电性越好。值得注意的是，反向电流与温度有着密切的关系，温度每升高大约 10℃，反向电流增大一倍。例如，2AP1 型锗二极管，在 25℃时，反向电流为 250 μA；温度升高到 35℃，反向电流将上升到 500 μA；在 75℃时，反向电流已达 8 mA，此时二极管不仅失去了单向导电性，还会因过热而损坏。在高温下硅二极管比锗二极管具有更好的稳定性。

5．反向恢复时间

二极管上所加电压从正向变成反向时，理想情况是电流能瞬时截止，但实际上一般要延迟一段时间电流才能截止，这一时间就是反向恢复时间。虽然它直接影响二极管的开关速度，但不一定值越小越好。

1.4.5　二极管相关电路

1．发光二极管驱动电路

在实际使用中，用单片机的一个 IO 口驱动发光二极管时，一般采用灌电流方式，即单片机的 IO 口输出低电平，则点亮二极管。在图 1.12 中，若电源供电电压为 5 V，假设发光二极管的导通压降为 2 V，在电阻两端的电压为 5 − 2 = 3 V，则整个回路的电流为 3 V/300 Ω = 10 mA，所以流过发光二极管的电流为 10 mA。使用时，要关注发光二极管的工作电流范围。若工作电流太大，则会影响发光二极管的寿命；若工作电流太小，则亮度太暗，达不到工作要求。

2．桥式整流电路

桥式整流电路也是二极管的常用电路之一，如图 1.13 所示。桥式整流电路中有四个二极管，它们两两对接。当输入正弦波的正半部分时，两只二极管导通，得到正弦波的正半部分；当输入正弦波的负半部分时，另外两只二极管导通，由于这两只二极管是反接的，因此输出仍然是正弦波的正半部分。桥式整流是交流电转换成直流电的第一个步骤。

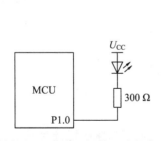

图 1.12　发光二极管驱动电路

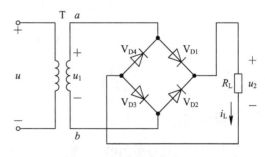

图 1.13　桥式整流电路

3．二极管稳压电路

二极管稳压电路如图 1.14 所示。当输入电压 U_i 增加时，输出电压 U_o 也将增加，即稳压管两端的电压 U_Z 增加。由于 U_Z 稍有增加，稳压管的电流 I_Z 就会显著增加，因此电阻 R 上的压降增加，抵消 U_i 的增加，使输出电压 $U_o(U_o = U_i − U_R)$ 基本不变。反之，当电源电压降低时，通过稳压管的电流 I_Z 减小，电阻 R 上的压降减小，使输出电压 U_o 基本不变。需要注意的是，稳压二极管的工作电流不能太小，太小则电压不能稳定；串联电阻 R 的选择有一定的区间，使用时要根据稳压二极管的具体参数来确定。

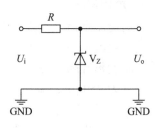

当电源电压不变而负载电流增大时，电阻 R 上的压降增大，输出电压 U_o 随之降低。但是只要 U_o 稍有下降，稳压管电流就会显著减小，使电阻 R 上的压降减小，输出电压 U_o 则基本不变。当负载电流减小时，稳压过程与此相反。

图 1.14　二极管稳压电路

1.5　三　极　管

1.5.1　三极管基础知识

三极管既可以用来放大电信号，也可以用作控制电路的开关。如图 1.15 所示，三极管有 3 个引脚：基极(b)、集电极(c)、发射极(e)。在这 3 个引脚中，基极是控制引脚。基极电流控制集电极和发射极之间的电流，发射极电流最大，集电极电流略小于发射极电流。

晶体管具有截止状态、放大状态、饱和状态。当晶体管用于不同的目的时，它的工作状态是不一样的。

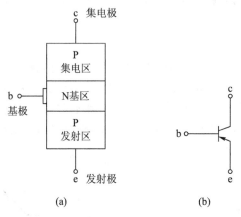

图 1.15　PNP 三极管结构图及电气符号图

1.5.2　三极管的分类

三极管按照极性可分为 NPN 三极管和 PNP 三极管，按照工作频率可分为低频三极管和高频三极管，按照功率可分为大功率三极管和小功率三极管。其中，极性、工作频率无法通过外观分辨，需要查看芯片的数据书册。三极管的功率大小可以通过三极管的体积分辨，体积越大的三极管其功率越大，具体功率需要查看参数表。一般大功率三极管上有螺丝孔，用于安装散热片。

1.5.3 常见三极管的实物图

常见三极管的实物图如图 1.16 所示。

(a) 贴片小功率三极管　　　　(b) 直插小功率三极管　　　　(c) 贴片小功率三极管
　　　(SOT-23)　　　　　　　　　(TO-89)　　　　　　　　　(TO-252)

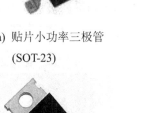  

(d) 塑料封装大功率三极管　　(e) 塑料封装大功率三极管　　(f) 金属封装大功率三极管
　　　(TO-220)　　　　　　　　　(TO-247)

图 1.16　常见三极管的实物图

1.5.4 三极管的重要参数

1. 共发射极直流放大倍数 β

共发射极直流放大倍数是指在公共发射极电路中，当没有交流电流输入时，集电极电流 I_C 和基极电流 I_B 之比。

2. 特征频率

三极管的工作频率高达一定程度时，电流放大倍数 β 要下降，β 下降到 1 时的频率称为特征频率。

3. 集电极最大允许电流

集电极电流增大时三极管电流放大倍数 β 下降，当 β 下降到低、中频电流放大倍数的 1/2 和 1/3 时所对应的集电极电流称为集电极最大允许电流。

4. 集电极-发射极击穿电压

集电极-发射极击穿电压是指三极管基极开路时，加在三极管集电极和发射极之间的允许电压。

5. 集电极最大允许消耗功率

集电极最大允许消耗功率是指三极管因受热而引起的参数变化不超过规定允许值时，

集电极所消耗的最大功率。大功率三极管中设置有散热片，这样三极管的功率可以提高许多。

1.5.5 利用数字万用表分辨三极管引脚

如图1.17所示，可用万用表的hFE挡(测量三极管的直流放大倍数)判断三极管的三个引脚端子(即基极、集电极和发射极)。

将万用表调到hFE挡(见图1.17(a))，利用典型三极管的hFE特性(即hFE为10～500)，将三极管的三个引脚插到测量三极管的小孔上(见图1.17(b))，此时显示屏上会显示一个数值，再把三极管旋转180°，重新插入，再读数，读数较大的那次测量其极性为万用表上所标的字母。

(a) 初始状态　　　(b) 插上三极管，数值偏小　　　(c) 插上三极管，数值正确显示

图1.17　利用hFE挡判断极性

1.5.6 三极管常用电路

1. 蜂鸣器驱动电路

蜂鸣器驱动电路如图1.18所示，这里PNP三极管当作开关管使用。当IO输入为低电平时，PNP三极管集电极和发射极导通，蜂鸣器发出声音；当IO输入为高电平时，PNP三极管的集电极和发射极为高阻状态。

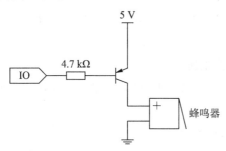

图1.18　蜂鸣器驱动电路

2. 三极管全桥驱动电路

利用三极管设计的全桥驱动电路(如图 1.19 所示)可用来控制微型电机。使用 PNP 和 NPN 三极管构成推挽电路，当电路工作时，两只对称的功率开关管每次只有一个导通，所以导通损耗小，效率高。推挽电路的输出既可以向负载灌入电流，也可以从负载抽取电流。由两组推挽电路即可构成全桥驱动电路。

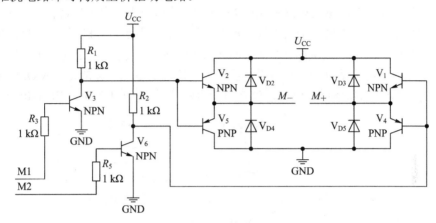

图 1.19　三极管全桥驱动电路

1.6　金属氧化物半导体场效应管(MOSFET)

1.6.1　概念

金属氧化物半导体场效应管(MOSFET)是应用非常广泛的晶体管,不仅具有晶体管的体积小、省电、耐用等优点，更具有输入阻抗高(输入阻抗 $\geqslant 10^{14}\,\Omega$)、噪声小、热稳定性好等特点。MOSFET 有三端，分别称为源极(S)、漏极(D)和栅极(G)。实际使用中，MOS 管常用作开关管。常见 MOSFET 的电气符号图如图 1.20 所示。

(a) P沟道增强型　　　(b) N沟道增强型　　　(c) N沟道耗尽型　　　(d) P沟道耗尽型

图 1.20　常见 MOSFET 的电气符号图

MOSFET 主要分为增强型 MOSFET 和耗尽型 MOSFET，当 $U_{GS}=U_G-U_S=0$ V 时，耗尽型 MOSFET 通常导通(从漏极到源极流过的电流最大)，而对栅极加压时，漏源通道的阻碍作用会变大。在 $U_{GS}=0$ V 时，增强型 MOSFET 关断(从漏极到源极流过的电流最小)。然而，若在栅极加电压，则漏源通道的阻碍作用会变小。

增强型和耗尽型 MOSFET 都有 N 沟道和 P 沟道两种形式。对于 N 沟道 MOSFET，一个负的栅源电压($U_G<U_S$)使漏源通道电阻增大，一个正的栅源电压($U_G>U_S$)使漏源通道电阻减小；而对于 P 沟道 MOSFET，一个正的栅源电压($U_G>U_S$)使漏源通道电阻增大，一个负的栅源电压($U_G < U_S$)使漏源通道电阻减小。

1.6.2　MOSFET 驱动

一个好的 MOSFET 驱动电路要求：开关管导通时驱动电路能提供足够大的电流，使得 MOSFET 的栅源极间电压迅速上升到所需值，保证开关管能快速导通且不存在上升沿的高频振荡；开关管导通期间驱动电路能保证 MOSFET 的栅源极间电压保持稳定，使得导通可靠；关断瞬间驱动电路提供一个阻抗尽可能低的通路，使得 MOSFET 的栅源极间电容电压快速释放，保证开关管快速关断；关断期间驱动电路最好能提供一定的负压，以避免干扰产生误导通；驱动电路尽可能简单可靠，根据使用情况加以隔离。常见的 MOSFET 驱动电路如图 1.21 所示。当功率增大时，建议使用专用驱动芯片(如 IR2104、IR2110)等。

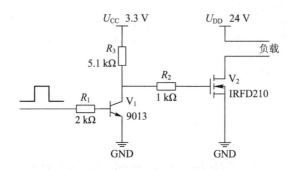

图 1.21　常见 N 型 MOSFET 驱动电路图

1.6.3　常见 MOS 管的实物图

常见 MOS 管的实物图如图 1.22 所示

(a) SOT-23　　　　　(b) TO-220　　　　　(c) TO-252

图 1.22　常见的 MOSFET 实物图

1.6.4　MOS 管的主要参数

开启电压 U_T：使源极 S 和漏极 D 之间开始形成导电沟道所需的栅极电压。对于标准的 N 沟道 MOS 管，U_T 约为 3～6 V。

开通时间 t_{on}：开通延迟时间和上升时间之和。

关断时间 t_{off}：关断延迟时间和下降时间之和。

MOSFET 开关时间一般为 10～100 ns，是所有功率器件中开关速度最快的。

漏极电压 U_{DS}：标称 MOSFET 电压定额的参数。

漏极直流电流 I_D：标称 MOSFET 电流定额的参数。

栅源电压 U_{GS}：MOSFET 栅极和源极之间的电压。栅源之间的绝缘层很薄，在$|U_{GS}|>$ 20 V 时，将导致绝缘层击穿。

导通电阻 R_{DSon}：MOSFET 完全导通时漏极和源极之间的导通电阻。该值越小，导通损耗就越小。该参数是 MOS 管选型的重要参数。

1.6.5　MOS 管应用电路

运算放大器和 MOS 管构成的恒流源电路如图 1.23 所示。图中，流过 R_6 的电流为恒定值。注意：R_6 的适用范围不能太大，R_6、R_7 和 MOS 管三者压降之和不能超过 U_{CC}。

通过运算放大器控制 MOS 的导通程度，可调节电流的大小。该法精度较高，输出电流 $I_o = U_{ref}/R_7$。

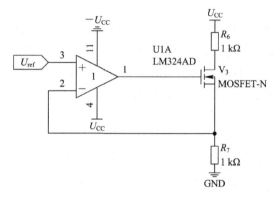

图 1.23　运算放大器和 MOS 管构成的恒流源电路

1.7　集成运算放大器

1.7.1　基础知识

集成运算放大器(简称运放)广泛地应用于许多电路中，如加法电路、减法电路、恒压源电路、音频放大电路、同相放大电路、反相放大电路等。一般的集成运放具有 5 个有效引脚，即正输入端(OP_P)、负输入端(OP_N)、输出端(OP_O)、电源正(U_{s+})、电源负(U_{s-})，如图 1.24 所示。在负反馈放大时，同相输入端和反相输入端具有"虚断""虚短"的特性。通常使用运算放大器时，会将其输出端与负输入端(OP_N)连接，形成负反馈(Negative Feedback)组态。其原因是运算放大器的电压增益非常大，使用负反馈方可保证电路的稳定运行。运放有极高的输入阻抗及很低的输出阻抗。

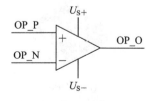

图 1.24　运算放大器示意图

1.7.2　运放的分类

1．通用运放

通用运放是最廉价的运放，这类运放用途广泛，使用量最大。

2．低功耗运放

低功耗运放在通用运放的基础上降低了功耗，可以用于对功耗有限制的场所，如手持设备。它的特点是静态功耗低，工作电压可以低到接近电池电压，在低电压下还能保持良好的电气性能。随着 MOS 技术的进步，采用低功耗运放已经不是个别现象。低功耗运放的静态功耗一般低于 1 mW。

3．精密运放

精密运放指漂移和噪声非常低、增益和共模抑制比非常高的集成运放，也称为低漂移运放或低噪声运放。这类运放的温度漂移一般低于 1 μV / ℃。早期部分运放的失调电压比较高，可能达到 1 mV，而现在精密运放的失调电压可以达到 0.1 mV，采用斩波稳零技术的精密运放的失调电压可以达到 0.005 mV。精密运放主要用于对放大处理精度有要求的应用中，如自控仪表等。

4．高速运放

高速运放指转换速度较高的运放，一般转换速度在 100 V/μs 以上。高速运放用于高速 ADC/DAC、高速滤波器、高速采样-保持器、锁相环电路、模拟乘法器、精密比较器、视频电路中。目前最高转换速度已经可以做到 6000 V/μs。

5．高压运放

高压运放是为解决高输出电压或高输出功率的要求而设计的。在设计中，主要解决电路的耐压、动态范围和功耗问题。高压运放的电源电压可以高于±20V DC，输出电压可以高于±20V DC。

1.7.3　运放的重要特性

运放的输入是高阻抗，作为负载，它们对接入电路几乎没有影响。运放的两个输入端在负反馈情况下才相等，而在正反馈情况下则未必相等。当设置正确时，正反馈将发生迟滞现象，有时会产生振荡。运放的开环增益非常大。

1.7.4　常见集成运放的实物图

图 1.25 和图 1.26 所示为常见集成运放的实物图和引脚分布图。

(a) SC70　　　　　　　　(b) SOP8　　　　　　　(c) DIP8

图 1.25　常见集成运放的实物图

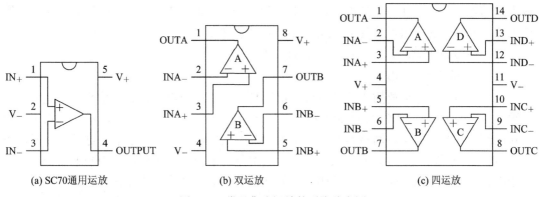

图 1.26 常见集成运放的引脚分布图

1.7.5 运放的主要参数

1. 主要直流性能指标

1) 输入失调电压

输入失调电压是指运放的输出端电压为零时两个输入端之间所加的补偿电压。输入失调电压实际上反映运放内部电路的对称性，输入失调电压越小，则对称性越好。输入失调电压是运放的一个十分重要的指标，特别是对于精密运放来说。

2) 输入失调电流

输入失调电流指当运放的输出直流电压为零时，其两输入端偏置电流的差值。输入失调电流同样反映运放内部电路的对称性，输入失调电流越小，则对称性越好。

3) 共模抑制比

共模抑制比 CMRR 指当运放工作于线性区时，运放差模增益与共模增益的比值。共模抑制比是一个极为重要的指标，它能够抑制两输入端的共模干扰信号。共模抑制比很大，大多数运放的共模抑制比一般为数万或更大，用数值直接表示不方便记录和比较，所以一般采用分贝方式。一般运放的共模抑制比为 80～120 dB。

4) 输出电压摆幅

输出电压摆幅是指运放在电源电压供电并工作于线性区时，在指定的负载下输出端能够提供的最大电压幅度。一般运放的输出电压的峰-峰值不能达到电源电压，这是由于输出级结构设计造成的。部分低压运放的输出级做特殊处理后，使得负载为 10 kΩ 时，输出电压的峰-峰值可达电源电压减去 50 mV，这种运放称为满幅输出运放，又称为轨到轨(Raid-to-Raid)运放。

5) 最大差模输入电压

最大差模输入电压 U_{idmax} 是指运放两输入端允许加载的最大输入电压差。当运放两输入端允许加载的输入电压差超过最人差模输入电压时，可能造成运放输入端损坏。

2. 主要交流性能指标

1) 开环带宽

将一个恒幅正弦小信号加到运算放大器的输入端，随着输入信号频率的增加，运算放大器的电压增益会下降，当电压增益下降到原来增益的 0.707 倍时，该频率即为该运算放大器的开环带宽。开环带宽表征的是运算放大器能够处理信号的频率范围，带宽越大，能处理的信号范围就越大，其高频特性就越好。

2) 单位增益带宽 GB

单位增益带宽是运放的闭环增益为 1 的条件下，将一个恒幅正弦小信号加到运放的输入端，从运放的输出端测得的闭环电压增益下降 3 dB(相当于运放输入电压增益的 0.707 倍)所对应的信号频率。单位增益带宽是一个很重要的指标，当对正弦小信号进行放大时，单位增益带宽等于输入信号频率与该频率下最大增益的乘积。换句话说，当知道要处理的信号频率和信号需要的增益后，可以计算出单位增益带宽，用以选择合适的运放。

3) 转换速率(也称压摆率)SR

转换速率是在运放接成闭环的条件下，将一个大信号(含阶跃信号)加到运放的输入端，从运放的输出端测得的运放的输出电压的上升速率。由于在转换期间，运放的输入端处于开关状态，因此运放的反馈回路不起作用，也就是转换速率与闭环增益无关。转换速率对于大信号处理是一个很重要的指标，一般运放的转换速率 SR≤10 V/μs，高速运放的转换速率 SR>10 V/μs。目前高速运放的最高转换速率 SR 达到 6000 V/μs。

1.7.6 集成运算放大器相关电路

1. 反相放大电路

如图 1.27 所示，运放的同相端接地，反相端和同相端虚短，所以也是接地，反相输入端的输入电阻很高，虚断，反相端几乎没有电流流入和流出，所以 R_1 和 R_2 相当于串联，因此流过 R_1 的电流等于流过 R_2 的电流，进而可得

$$U_o = -\frac{R_2}{R_1} \times U_i \tag{1.2}$$

图 1.27 反相放大电路

2. 同相放大电路

图 1.28 中，U_i 与 U_- 虚短，则 $U_i = U_-$。又因为虚断，所以反相输入端没有电流输入、输出，通过 R_1 和 R_2 的电流相等，设此电流为 I，由欧姆定律得

$$I = \frac{U_o}{R_1 + R_2} \tag{1.3}$$

U_i 等于 R_2 上的分压，即

$$U_i = IR_2 \tag{1.4}$$

由上述公式可得，同相放大电路的输入、输出公式：

$$U_{\text{o}} = U_{\text{i}} \frac{R_1 + R_2}{R_2} \tag{1.5}$$

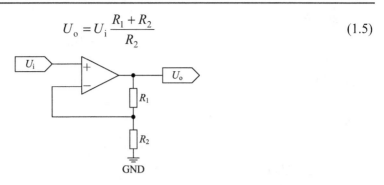

图 1.28　同相放大电路

3．加法电路

图 1.29 中，由虚短的特性可知：

$$U_- = U_+ = 0 \tag{1.6}$$

由虚断及基尔霍夫定律可知，通过 R_2 与 R_1 的电流之和等于通过 R_3 的电流，故

$$\frac{U_{\text{i1}} - U_-}{R_1} + \frac{U_{\text{i2}} - U_-}{R_2} = \frac{U_- - U_{\text{o}}}{R_3} \tag{1.7}$$

两式迭代后，得

$$\frac{U_{\text{i1}}}{R_1} + \frac{U_{\text{i2}}}{R_2} = -\frac{U_{\text{o}}}{R_3} \tag{1.8}$$

如果取 $R_1 = R_2 = R_3$，则式(1.8)变为

$$U_{\text{o}} = -(U_{\text{i1}} + U_{\text{i2}}) \tag{1.9}$$

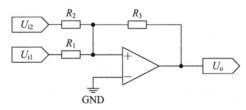

图 1.29　加法电路

4．减法电路

如图 1.30 所示，由虚断知，通过 R_1 的电流等于通过 R_2 的电流，同理通过 R_4 的电流等于 R_3 的电流，故有

$$\begin{cases} \dfrac{U_{\text{i2}} - U_+}{R_1} = \dfrac{U_+}{R_2} \\ \dfrac{U_{\text{i1}} - U_-}{R_4} = \dfrac{U_- - U_{\text{o}}}{R_3} \end{cases} \tag{1.10}$$

如果 $R_1 = R_2$，则

$$U_+ = \frac{U_{\text{i2}}}{2} \tag{1.11}$$

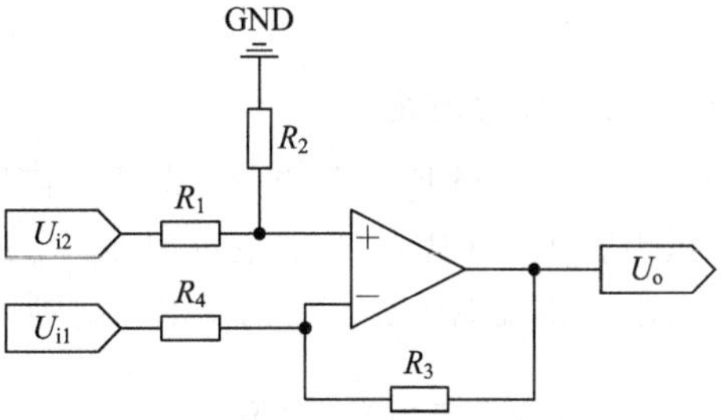

图 1.30　减法电路

如果 $R_3 = R_4$，则

$$U_- = \frac{U_o + U_{i1}}{2} \tag{1.12}$$

由虚短知

$$U_+ = U_-$$

所以

$$U_o = U_{i2} - U_{i1} \tag{1.13}$$

5. 电压跟随器

电压跟随器的显著特点就是输入阻抗高(可达几兆欧姆)，而输出阻抗低(通常只有几欧姆，甚至更低)。电压跟随电路如图 1.31 所示。

在电路中，电压跟随器一般作缓冲级和隔离级。因为电压放大器的输出阻抗一般比较高，通常为几千欧到

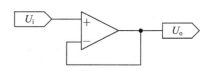

图 1.31　电压跟随电路

几十千欧，所以如果后级的输入阻抗比较小，那么输入信号的电压就会有相当的部分损耗在前级的输出电阻中。此时就需要电压跟随器进行缓冲，起到承上启下的作用。

6. 积分电路

在图 1.32 所示的积分电路中，由虚短可知，反相输入端的电压与同相输入端相等，由虚断可知，通过 R_1 的电流与通过 C_1 的电流相等，通过 R_1 的电流 $I = \dfrac{U_i}{R_1}$，所以

$$U_o = -\frac{1}{R_1 C_1} \int U_i \, \mathrm{d}t \tag{1.14}$$

输出电压与输入电压对时间积分成正比，若 U_i 为恒定电压 U，则式(1.14)变换为

$$U_o = -\frac{Ut}{R_1 C_1} \tag{1.15}$$

式中，t 是时间。因此，输出电压 U_o 是一条从 0 至负电源电压按时间变化的直线。

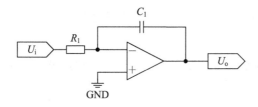

图 1.32　积分电路

7. 微分电路

在图 1.33 所示的微分电路中，由虚断知，流过电容 C_1 和电阻 R_1 的电流相等。由虚短知，运放的同相端电压等于反相端电压，则

$$U_o = -iR_1 = -R_1 C_1 \frac{\mathrm{d}U_i}{\mathrm{d}t} \tag{1.16}$$

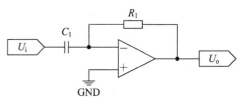

图 1.33　微分电路

这是一个微分电路。如果 U_i 是一个突然加入的直流电压，则输出 U_o 对应一个方向与 U_i 相反的脉冲。

8. 差分放大电路

差分放大电路如图 1.34 所示。由虚短可知：
$$U_x = U_{i1}, \quad U_y = U_{i2}$$

由虚断可知，运放输入端没有电流流入，则 R_1、R_2、R_3 可视为串联，通过每一个电阻的电流是相同的，流过的电流为

$$I = \frac{U_x - U_y}{R_2} \tag{1.17}$$

则

$$U_{o1} - U_{o2} = I(R_1 + R_2 + R_3) = (U_x - U_y)\frac{R_1 + R_2 + R_3}{R_2} \tag{1.18}$$

由虚断可知，运算放大器的电流为 0，所以流过 R_4 与流过 R_5 的电流相等，若 $R_4 = R_5$，则

$$U_u = U_{o1} + \frac{U_o - U_{o1}}{2} \tag{1.19}$$

得

$$U_u = \frac{U_o + U_{o1}}{2} \tag{1.20}$$

同理，若 $R_6 = R_7$，则

$$U_w = \frac{U_{o2}}{2} \tag{1.21}$$

由虚短知，$U_u = U_w$。由上述公式可得

$$U_o = (U_y - U_x)\frac{R_1 + R_2 + R_3}{R_2} \tag{1.22}$$

式中，$\frac{R_1 + R_2 + R_3}{R_2}$ 是定值，该值用于确定差值 $(U_y - U_x)$ 的放大倍数。这就是差分放大电路，如图 1.34 所示。其放大倍数 G 的公式为

$$G = 1 + \frac{50\ k\Omega}{R_G} \tag{1.23}$$

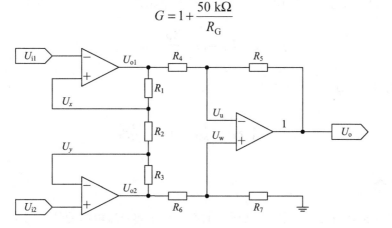

图 1.34　差分放大电路

9. 基于运放芯片 INA128 的电流检测电路

差分放大电路的放大能力强，输入阻抗高，因而十分适合用于微小电压的测量。INA128 为常用的仪用差分放大器，其电流测量电路如图 1.35 所示。图中由电阻 R_1 将电流信号转换为电压信号。INA128 内部集成了一个三运放差分放大电路，其内部结构如图 1.36 所示。

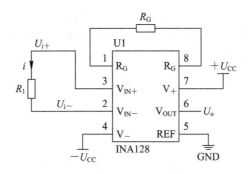

图 1.35　基于 INA128 的电流测量电路

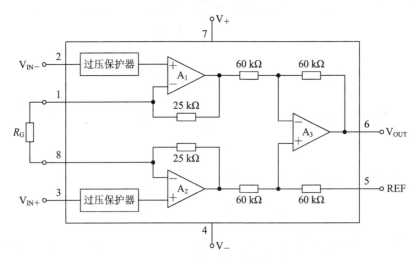

图 1.36　INA128 差分放大电路

由 INA128 的数据手册中给出的计算公式和欧姆定律可知，输出电压：

$$U_o = \left(1 + \frac{50}{R_G}\right) i R_1 \tag{1.24}$$

其中，R_1 为采样电阻。

1.8　变 压 器

1.8.1　概念

变压器(Transformer)是利用电磁感应的原理来改变交流电压的装置,其主要构件是初级线圈、次级线圈和铁芯(磁芯)。

变压器的主要功能有电压变换、电流变换、阻抗变换、隔离、稳压等。变压器按用途可以分为电力变压器和特殊变压器(电炉变压器、整流变压器、工频试验变压器、调压器、矿用变压器、音频变压器、中频变压器、高频变压器、冲击变压器、仪用变压器、电子变压器、互感器等)。

E 形电源变压器也称为 EI 形电源变压器，它是最为常用的电源变压器，它的铁芯有两种：一种是 E 形，另一种是 I 形。铁芯用硅钢片交叠而成。这种电源变压器的缺点是磁路中的气隙较大，效率较低，工作时电噪声较大；优点是成本较低。

环形变压器的铁芯是用优质冷轧硅钢片(片厚一般在 0.35 mm 以下)无缝地卷制而成的，这就使得环形变压器的铁芯的性能优于传统的叠片式铁芯。环形变压器的线圈均匀地绕在铁芯上，线圈产生的磁力线方向与铁芯磁路几乎完全重合。与叠片式铁芯相比，环形变压器的激磁能量和铁芯损耗将减小 25%。环形变压器的铁芯有一个连续不断的磁路，没有空气间隙，电噪声相对于 I 形和 C 形铁芯变压器要小得多。采用真空浸渍技术，可使铁芯成为牢固的整体，在绕线和加工过程中不易变形。由于环形变压器的铁芯非常牢固，减少了振动和音频噪声，因此环形变压器近年来得到了广泛应用。

常见变压器的实物图如图 1.37 所示。

(a) E 形电源变压器　　　　　　　　　　(b) 环形变压器

图 1.37　常见变压器的实物图

1.8.2　变压器的常用参数及参数识别方法

1. 变压比 n

变压器的变压比表示变压器一次绕组匝数与二次绕组匝数之比。变压比表征该变压器是降压变压器、升压变压器还是 1∶1 变压器。变压比 n 的计算式为

$$n = \frac{N_1}{N_2} = \frac{U_1}{U_2} \tag{1.25}$$

式中，N_1 为一次匝数，N_2 为二次匝数，U_1 和 U_2 分别为一次侧和二次侧变压器空载电压。

2. 额定功率

额定功率是指在频率和电压下，变压器长时间工作而不超过规定温升的最大输出功率。额定功率的单位为伏·安(V·A)，一般不使用瓦特(W)表示，这是因为在额定功率中会有部分无功功率。

变压器在工作时对电能有损耗，通常用效率来表示变压器对电能的损耗程度。效率的

计算式为

$$效率 = \frac{输出功率}{输入功率} \times 100\%$$

1.8.3 变压器的实用电路

在电源变压器的具体使用中，需重点关注的参数是变压器的额定功率及输出电压，使用中应留有一定的功率冗余，以避免变压器饱和，从而导致变压器发热，甚至烧毁等故障。

图 1.38 是电源变压器的常见实用电路。此电路为利用变压器、整流桥和线性稳压器设计而成的直流稳压电源。该电路利用整流桥对变压器输出的交流电压进行整流，利用电容将脉动较大的直流电压变为脉动较小的直流电压，再利用 LM317 进行线性稳压，实现直流稳压输出。

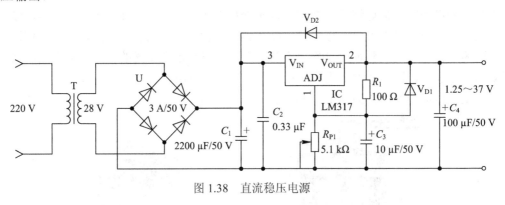

图 1.38 直流稳压电源

1.8.4 其他变压器

1. 音频变压器

音频变压器主要用在音频设备中，用以进行阻抗匹配。音频变压器在音频 20 Hz ～ 20 kHz 范围内能起到最大作用，当信号频率超过这个范围时，音频变压器会阻碍信号通过。除用于阻抗匹配外，音频变压器还可以提高或降低信号电压，把一个电路从不平衡状态变为平衡状态，反之亦然。音频变压器还可以起隔断直流电通过、只允许交流电通过的作用。

2. 脉冲变压器

脉冲变压器是一种特殊的变压器，用来优化传输的方波电脉冲，主要用在燃烧器点火、晶闸管触发等需要瞬间脉冲电压信号的场合。这些脉冲快速上升和下降，具有恒定的振幅。为了减少脉冲变压器的失真，脉冲变压器通常需要非常低的漏电感和分布电容，还要有一个较大的开路电感。为了保护电路原边免受负载引起的较大瞬时功率的影响，要求脉冲变压器有较低的耦合电容。

3. 电流互感器

电流互感器主要用于测量电路中可能会对安培表造成危险的大电流，它在副边产生一个与原边成比例的小电流。通常原边线圈是穿过环形中心的可测电缆，通过副边的电流则远小于流过原边的电流，其变比通常是固定的。

1.9　继　电　器

1.9.1　概念

继电器是自动控制电路中的一种常用元器件，它能通过电信号来控制一组开关的通与断。继电器广泛应用在各类仪器电路和控制电路中。继电器通常为方块状，外形特征比较明显，所以在电路中比较容易识别。

1.9.2　常见继电器

普通电磁继电器只要在线圈两端加上一定的电压，线圈中就会流过一定的电流，从而产生电磁效应，衔铁在电磁力吸引下克服返回弹簧的拉力而被吸向铁芯，带动衔铁的动触点与静触点(常开触点)吸合。当线圈断电后，电磁吸力也随之消失，衔铁就会在弹簧的反作用力下返回原来的位置，使动触点与原来的静触点(常闭触点)分离。这样不断地吸合、释放，即可实现电路导通或切断的目的。

磁保持继电器是利用永久磁铁或具有很高剩磁特性的元件，使电磁继电器的衔铁在其线圈断开后仍能保持在线圈通电时位置的继电器。磁保持继电器与普通电磁继电器相比最大的不同就是在保持衔铁状态期间不需要通电，因而更加省电。

固态继电器是由微电子电路、分立电子器件、电力电子功率器件构成的无触点电子开关，用隔离器件实现控制端与负载端的隔离，无机械运动构件。固态继电器具有输入功率小、与逻辑电路兼容、灵敏度高、电磁兼容性好等特点，广泛运用于电机控制、医疗器械、交通信号等领域。

1.9.3　常见继电器的实物图

常见继电器的实物图如图 1.39 所示。

(a) 电磁继电器(HK4100)　　　(b) 磁保持继电器(HF115F-L)　　　(c) 固态继电器

图 1.39　常见继电器的实物图

1.9.4　继电器的常用参数

电磁继电器的常用参数如下：

(1) 线圈直流电阻：指线圈的电阻值。

(2) 额定工作电压：指继电器正常工作时线圈的电压或电流值。

(3) 吸合电压或吸合电流：指继电器产生吸合时的最小电压或电流。实际施加的电压需要高于吸合电压，否则吸合是不可靠的。

(4) 释放电压或释放电流：指继电器两端的电压或电流减少到一定数值时，继电器从吸合状态转到释放状态时的电压值或电流值。释放电压要比吸合电压小得多，一般释放电压是吸合电压的1/4。

固态继电器的常用参数如下：

(1) 工作电流：指输出端允许流过的最大电流。

(2) 工作电压范围：指输出端能够承受的最大电压。

(3) 控制电压：指能够维持输出端导通状态的控制端输入电压范围。

(4) 截止态漏电流：指输入端没有施加导通控制小信号的状态下流过输出端的最大漏电流。

表 1.3 给出了北京金曼顿科技公司生产的部分交流固态继电器的参数。

表 1.3　部分交流固态继电器的参数

型号	工作电流/A	工作电压范围/V	控制电压/V	截止态漏电流/mA	冷却条件
S203ZL	3	12～440	3～5	< 1	自然
S208ZK	8	12～440	4～24	< 8	自然
S240ZF	40	12～440	4～24	< 8	自然

1.9.5　继电器的驱动电路

电磁继电器的驱动电路如图 1.40 所示。当 IO 为低电平时，三极管饱和导通，继电器线圈通电，触点被吸合；当 IO 为高电平时，三极管处于截止状态，线圈无电流。当继电器线圈断电时，因为线圈具有感性，会产生电压尖峰，所以在线圈的两端并上二极管，用于吸收尖峰电压。

固态继电器的控制电压和常规逻辑电平兼容，CPU 输出信号可直接作用于固态继电器的输入端，比较简单，这里不作过多介绍。

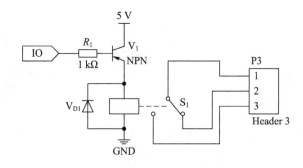

图 1.40　继电器的驱动电路

第 2 章　常规仪器介绍

在电子技术测量和应用中，为使产品的最终效果达到预期要求，不可避免地要使用一系列电子仪器设备，本章将对几种常规仪器的使用作重点介绍。

2.1　直流稳压稳流电源

直流电源是最常见的供电装置之一。下面以安泰信 APS3005S-3D 双路直流稳压稳流电源为例介绍常见电源的使用方法。图 2.1 是该电源的前置面板示意图。

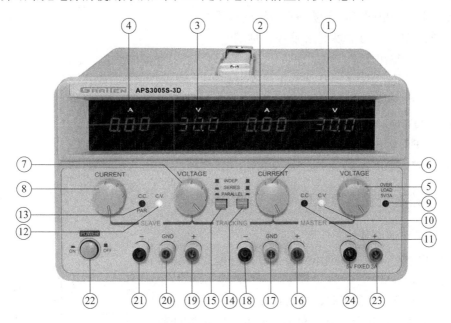

图 2.1　双路直流稳压稳流电源的前置面板

2.1.1　面板介绍

①：表头 V，显示主动路的输出电压。

②：表头 A，显示主动路的输出电流。

③：表头 V，显示从动路的输出电压。

④：表头 A，显示从动路的输出电流。

⑤：VOLTAGE 调节旋钮，调整主动路的输出电压。在并联或串联追踪模式下，用于调整从动路的最大输出电压。

⑥：CURRENT 调节旋钮，调整主动路的输出电流。在并联模式时，用于调整从动路的最大输出电流。

⑦：VOLTAGE 调节旋钮，用于调整独立模式下从动路的输出电压。

⑧：CURRENT 调节旋钮，用于调整从动路的输出电流。

⑨：OVER LOAD 指示灯，当输出为 5 V，负载电流大于 3 A 时，此灯会亮。

⑩：C.V.指示灯，当主动路输出在恒压源模式，或在并联、串联追踪模式下的恒压源模式时，此灯会亮。

⑪：C.C.指示灯，当主动路输出在恒流源模式时，此灯会亮。

⑫：C.V.指示灯，当从动路输出在恒压源模式时，此灯会亮。

⑬：C.C.指示灯，当从动路输出在恒流源模式，或在并联追踪模式下的恒流源模式时，此灯会亮。

⑭：主动路工作模式开关，该按键可以选择 INDEP（独立）、SERIES（串联）或 PARALLEL(并联)追踪模式。

⑮：从动路工作模式开关，控制从动路与主动路的串、并联工作模式。

⑯ "＋"输出端子，主动路正极输出端子。

⑰⑳：GND 端子，大地和底座接地端子

⑱："－"输出端子，主动路负极输出端子。

⑲："＋"输出端子，从动路正极输出端子。

㉑："－"输出端子，从动路负极输出端子。

㉒：POWER，电源开关。

㉓："＋"输出端子，固定 5V 正极输出端子。

㉔："－"输出端子，固定 5V 负极输出端子。

2.1.2　双路直流稳压稳流电源的三种工作模式

1．双路可调电源独立使用

将⑮和⑭分别置于弹起位置。独立工作模式的原理图如图 2.2 所示。

当①作为稳压源使用时，先将旋钮⑥和⑧顺时针调至最大，开机后，分别调节⑤和⑦，使主、从动路的输出电压调至需求值。

当②作为恒流源使用时，开机后先将旋钮⑤和⑦顺时针调至最大，同时将⑥和⑧逆时针调至最小，接上所需负载，调节⑥与⑧，使主、从动路的输出电流分别调至所需的稳流值。

图 2.2　独立工作模式

开启电源，将旋钮⑥与⑧逆时针调至最小，并顺时针适当调节⑤和⑦，将端子⑯与⑱、⑲与㉑分别短接，顺时针调节旋钮⑥与⑧，使主、从动路的输出电流等于所要求的限流保护点电流值，此时保护点就被设定完成。

2. 双路可调电源串联使用

双路可调电源串联模式的原理图如图 2.3 所示。

将⑮按下，将⑭弹起，将旋钮⑥、⑧顺时针调至最大，此时调节⑤，从动路的输出电压将跟踪主动路的输出电压，输出电压为两路电压相加，最高可达两路电压的额定值之和(即端子⑯与㉑之间的电压)。

在两路电源串联时，两路的电流调节仍然是独立的，如旋钮⑧不是最大值，而是某个限流值，则当负载电流达到该限流值时，从动路的输出电压将不再跟踪主动路调节。

3. 双路可调电源并联使用

双路可调电源并联模式的原理图如图 2.4 所示。

将⑮和⑭分别按下，两路输出处于并联状态。调节旋钮⑤，两路输出电压一致变化，同时从动路稳流指示灯⑬亮。

并联状态下，从动路的电流调节旋钮⑧不起作用，只需调节⑥，即可使两路电流同时受控制，其输出电流为两路电流相加，最大输出电流可达两路额定值之和。

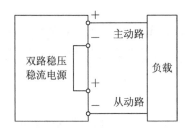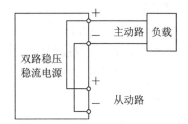

图 2.3　双路可调电源串联模式的原理图　　　　图 2.4　双路可调电源并联模式的原理图

2.2　台式数字万用表

在模拟电路中，直流/交流电压、直流/交流电流、电阻、电容等一些模拟参数的测量尤为重要，因此数字万用表的使用必不可少。以下将以如图 2.5 所示的安捷伦 5 位半数字万用表 34450A 为例，对数字万用表的使用进行介绍。

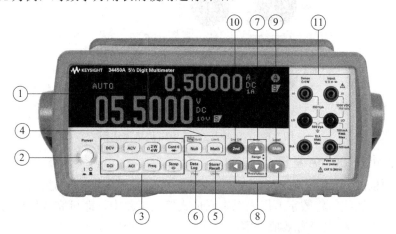

图 2.5　安捷伦 5 位半数字万用表的前置面板图

1. 安捷伦 5 位半数字万用表面板介绍

①：显示屏，用于显示测量值。

②：电源开关，用于数字万用表的开启和关闭。

③：用于选择各种测量量。

④：用于各种数学运算。

⑤：用于保存或调用测量信息。

⑥：提供数据记录和直方图功能。

⑦：用于自动模式和手动模式的切换，上箭头键是自动模式，下箭头键是手动模式。

⑧：分辨率切换按钮，右箭头按钮 ▶ 用于提高分辨率，最高为 5 位半，左箭头按钮 ◀ 用于降低分辨率，最低为 4 位半。

⑨：Shift 按键，用于第二功能的切换。

⑩：副显示屏按键，用于调出副显示屏。

⑪：输入端子，端子的不同连线对应不同的功能测量。

2. 电压测量

在前置面板的测量功能区③中选择 DCV 或 ACV 按键，并在输入端子⑪连线的区域中以图 2.6 所示的连线方式完成连线，将数字万用表以并联的形式接入电路中，即可完成直流电压/交流电压(电压有效值)的测量。

3. 电阻测量

在前置面板的测量功能区③中选择 Ω2W/4W 按键，并在输入端子⑪连线的区域中以图 2.6 所示的方式完成连线，将数字万用表并联在所需测量电阻的两端，即可完成电阻的测量。

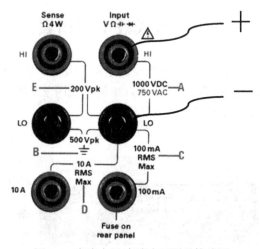

图 2.6　直流电压/交流电压测量接线图

4. 电流测量(100 mA 量程)

在前置面板的测量功能区③中选择 DCI 或 ACI，并在输入端子⑪连线的区域中以图 2.7 所示的方式完成连线，将数字万用表以串联形式接入电路中，即可完成量程为 100 mA 的直流电流或交流电流(电流有效值)的测量。

5. 电流测量(10 A 量程)

在前置面板的测量功能区③中选择 [DCI] 或 [ACI]，并在输入端子⑪连线的区域中以图 2.8 所示的方式完成连线，将数字万用表以串联形式接入电路中，即可完成量程为 10 A 的直流电流或交流电流(电流有效值)的测量。

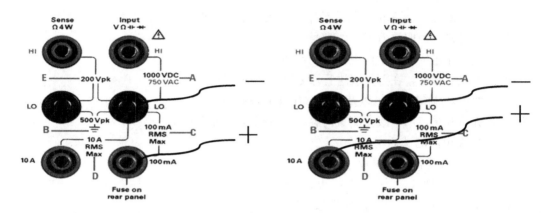

图 2.7 100 mA 量程直流电流/交流电流测量接线图   图 2.8 10 A 量程直流电流/交流电流测量接线图

注意：若事先并不知道所需测量的电流值大小，则应按照安全性操作原则，先选用 10 A 量程的挡位，以避免因电流过大而损坏 100 mA 挡位的保险丝。若在测量过程中发现实际测得的电流值小于 67 mA(一般选取满量程的 2/3，避免因电流过冲而损坏保险丝)，则为了提高测量精度，应更换 100 mA 挡位进行测量。若实际测得的电流值大于 100 mA，则可保持原先 10 A 量程不变，继续测量。

6. 通断路测试

在前置面板的测量功能区③中按下 [Cont·] 按键一次，看到显示屏①中显示 Cont· 时，表示开始进行通断路测试，在输入端子⑪连线的区域中以图 2.9 所示的方式完成连线，将数字万用表串联在需检测的电路中，若数字万用表发出蜂鸣声，即表示线路无断路，若没有蜂鸣声，则表示所测线路有断路故障。

7. 二极管测试

在前置面板的测量功能区③中按下 [Cont·] 按键两次，看到显示屏①中显示 ┥ 时，表示开始进行二极管测试，在输入端子⑪连线的区域中以图 2.9 所示的方式完成连线，将红、黑表笔对应并联在所测二极管两端(红色表笔接二极管正极，黑色表笔接二极管负极)，即可在显示屏①中读出二极管的正向压降的近似值，若无值显示，则说明二极管已损坏，由此也可判断二极管的好坏。

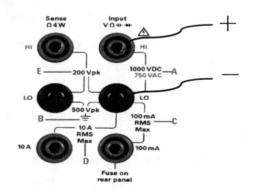

图 2.9 通断路测试接线图

2.3　手持式数字万用表

1．面板介绍

下面介绍图 2.10 所示的手持式数字万用表的前置面板。

①：型号栏，说明该万用表的型号。

②：液晶显示屏，显示仪表测量的数值。

③：发光二极管，在万用表进行通断路检测时用于报警。

④：背光灯/自动开关机以及 SELECT HOLD 按键。

⑤：旋钮开关，用于改变测量内容、量程以及控制开关机。

⑥：20 A 电流测试插座。

⑦：200 mA 电流测试插座。

⑧：电容、温度、二极管"－"极插座及公共地。

⑨：电压、电阻、二极管"+"极插座。

⑩：三极管测试座，用于测试三极管的输入口。

图 2.10　VICTOR　VC890C+手持式数字万用表的前置面板图

2．直流电压测量

将黑表笔插入"COM"插座，红表笔插入"VΩ"插座中；将旋钮开关转至 V– 量程上，然后将测试表笔跨接在被测电路上，表笔两端所接的电路测试点电压与极性将显示在屏幕上。

3．交流电压(交流电压有效值)测量

将黑表笔插入"COM"插座，红表笔插入"VΩ"插座中；将旋钮开关转至 V～量程上，然后将测试表笔跨接在被测电路上，表笔两端所接的电路测试点电压与极性将显示在屏幕上。

4. 直流电流测量

将黑表笔插入“COM”插座，红表笔插入“mA”插座(量程为 200 mA)中，或将红表笔插入“20A”插座(量程为 20A)中，将旋钮开关转至 A– 挡位上，然后将仪表的表笔串联接入被测电路中，被测电流值及红色表笔的电流极性将同时显示在屏幕上。

5. 交流电流测量

将黑表笔插入“COM”插座，红表笔插入“mA”插座(量程为 200 mA)中，或将红表笔插入“20A”插座(量程为 20A)中，将旋钮开关转至 A～挡位上，然后将仪表的表笔串联接入被测电路中，被测电流值及红色表笔的电流极性将同时显示在屏幕上。

注意：

(1) 对于以上电压/电流值测量过程，若事先不知道被测电压/电流的范围，则按照安全性操作原则，应将旋钮开关转到最高挡位，然后根据显示电压值/电流作挡位调整。

(2) 若屏幕上显示“OL”，则表明超量程，此时应将旋钮开关转至较高挡位上。

6. 电阻测量

将黑表笔插入“COM”插座，红表笔插入“VΩ”中，将旋钮开关转至电阻量程上，然后将测试表笔跨接在被测电阻上，在显示屏上可得到电阻值。

7. 通断路测量

将黑表笔插入“COM”插座，红表笔插入“VΩ”中(此时红表笔极性为正极)，将旋钮开关转至“▶|•)))”并配合前置面板中的“SELECT HOLD”按键将屏幕切换到“•)))”，将表笔连接到待测电路的两点，如果两点之间电阻值约小于 30 Ω，则内置蜂鸣器发出响声，表示线路无断路，若没有响声发出，则表示线路有断路。

8. 二极管测量

将黑表笔插入“COM”插座，红表笔插入“V/Ω”中(此时红表笔极性为正极)，将旋钮开关转至“▶|•)))”并配合前置面板中的“SELECT HOLD”按键将屏幕切换到“▶|”，然后将表笔接到待测二极管的两端，显示屏上的读数为二极管正向压降的近似值。

2.4　函数信号发生器

用函数发生器产生各种波形的方式基本相同，下面以正弦波的产生为例作详细介绍。

图 2.11 所示为 RIGOL DG1022 函数信号发生器的前置面板，按下[Sine]按键，波形图标变为正弦波，在 LCD 显示屏上会出现如图 2.12 所示的界面。

通过按下前置面板中的不同菜单按键，可以切换当前正弦波的调节参数，如频率、幅值、偏移、相位等。例如，按下“频率”按键，则可通过“旋钮”和“方向键”配合调节频率值大小，或通过“数字键盘”输入自己所需的频率值大小，并选择单位(如 Hz、kHz 等)，完成频率值的设定。如此反复，选择“幅值”“偏移”“相位”等按键即可完成不同参数值的设定。最后，按下“CH1 输出使能”或“CH2 输出使能”按键，就可以得到所需的正弦波。

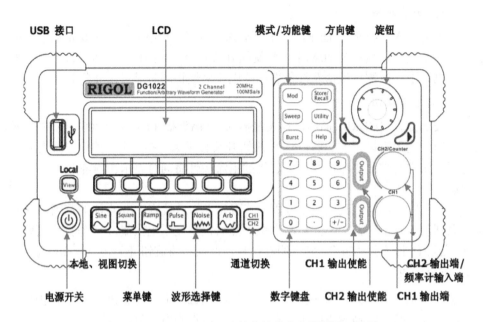

图 2.11　RIGOL DG1022 函数信号发生器的前置面板图

图 2.12　正弦波显示界面图

注意： 在按下 [Sine] 按键之后，LCD 显示屏上将显示频率、幅值、偏移、占空比、相位、同相位等。参数的调节按键对应"菜单键"中的 6 个按键。对于不同的波形，对应顺序可能有所差异。在以下其他波形的产生中，也有类似的情况。

方波、锯齿波及其他波形的产生与正弦波的产生类似，只需切换波形选择键即可，这里不再赘述。

2.5　示 波 器

示波器是一种用途十分广泛的电子测量仪器，它能把肉眼看不见的电信号变换成看得见的图像，便于人们研究各种电信号的变化过程。利用示波器能观察各种不同信号幅度随时间变化的波形曲线，还可以用它测试各种不同的电量，如电压、电流、频率、相位差、调幅度等。数字示波器是目前主流的示波器设备，因具有波形触发、存储、显示、测量、波形数据分析处理等独特优点，故其使用日益普及。目前国外主要的示波器品牌有泰克、福禄克、安捷伦等，国内品牌主要有谱源、优利德等。下面以泰克示波器为例简要介绍示波器的基本使用方法。图 2.13 所示为泰克 4 通道示波器的前置面板。

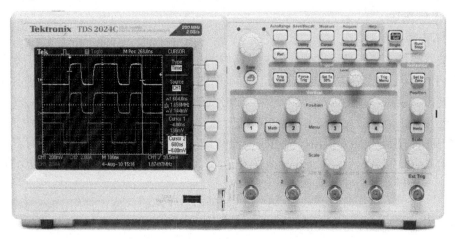

图 2.13　泰克 4 通道示波器的前置面板

1．准备工作

在使用示波器测试信号之前，应当对示波器进行一次手动探头补偿工作，将 TPP0101/TPP0201 探头按照图 2.14 所示的接法接在示波器上。

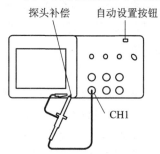

图 2.14　补偿测试连接图

将探头端部连接到 PROBE COMP～5V@1 kHz(探头补偿～5V@1 kHz)端子上，将基准引线连到 PROBE COMP(探头补偿)机箱端子上，显示通道，然后按下"自动设置"按钮。

检查所显示的波形，调节探头补偿(见图 2.15)，直至得到正确补偿的波形(见图 2.16)，便完成了前期的准备工作。

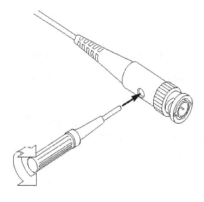

图 2.15　调节探头补偿

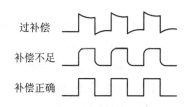

图 2.16　补偿波形

2. 基础操作

1) 探头衰减与匹配

示波器的探头衰减是通过改变探头电路中的电阻和电容配比来实现的。常用的衰减形式为 1× 和 10×。选择不同的衰减形式会有不同的输入结果：当选择 1× 形式时，输入信号没有经过探头衰减，直接进入示波器中，信号幅值没有变化；当选择 10× 形式时，输入示波器的信号其幅值衰减为原信号的 1/10，此时从探头角度来看，示波器的输入阻抗是 1× 形式下的 10 倍。在这里需要指出，在用示波器测量信号时，相对于源输入信号而言，示波器探头的输入阻抗相当于负载，这样当输入阻抗变大时，意味着负载变小，源输入信号的损失将会变小，测量也会变得准确。

在现实使用中，当使用者不清楚测量信号的电压大小时，建议使用 10× 衰减，以避免过高的输入电压对示波器造成损坏。

使用探头衰减在一定程度上能更加准确和安全地测量信号，但为得到实际的测量信号(指未经衰减的信号)，需要对示波器设置衰减匹配。探头的衰减倍率的含义是将原始信号除以该倍数后送入示波器。通道菜单中的探头倍率的含义是将输入信号乘以该倍数后送入示波器。假设被测电压是 10 V，选择 10× 衰减，进入示波器的时候就是 1 V，此时示波器"通道菜单"中的探头倍率如果选择 10×，那么显示的测量值就是 10 V，如果选择 1×，那么显示的测量值就是 1 V。所以，只有当示波器探头的衰减倍率和"通道菜单"中的探头倍率相符时，测量结果才是准确的。

2) AUTO SET 按键

准备工作完成后，若使用者按下示波器右上方的 AUTO SET 按键，则示波器工作于自动挡位，此时的示波器会根据输入信号来自行选择合适的触发方式、扫描速度、幅值、耦合方式等，这样使用者就会在屏幕上看到一个较为清晰的波形。若使用者要测量一些无法由自动挡位获得的数据，则需自行设置参数。由于示波器设置较为复杂，因此建议初学者使用 AUTO SET 按键。

(1) RUN/STOP 按键。

使用示波器的一大好处就是它能实时还原输入信号，如果输入信号在短暂的时间内发生变化，则示波器能很好地追踪到这种变化，并将该变化实时反映到屏幕上。所以可以说，示波器上显示的波形是流动的。按下 RUN/STOP 按键可以使测量信号定格在某一时刻，方便使用者对该时刻的信号进行深入分析。

(2) MEASURE 按键。

在使用示波器时，往往是为获得所需的信息(如信号的幅值、频率、最大值、上升时间等参数)，此时 MEASURE 按键显得非常重要。下面以 CH1 通道为例介绍该按键，其余通道的操作类似。

调试工作准备完后，按下 MEASURE 按键，选择"CH1 信源"，然后选择"测量类型"(如频率)，接着按下"返回"，就可在屏幕右半部看到选择的测量值。重复以上操作，可以再次选择不同的测量类型(如峰-峰值、平均值、有效值等)。

(3) CH1、CH2 等通道按键。

按下 CH1、CH2 等通道按键可选择信号的测量通道。以 CH1 通道为例，按下 CH1 按键，在示波器屏幕右半部分将从上到下依次出现以下测量选项：耦合方式，带宽限制，伏/格，探头衰减，反相。对于耦合方式，有三种选择，分别是直流耦合、交流耦合、接地。直流耦合允许信号中的直流分量和交流分量进入示波器中，能最真实地还原测量信号；交流耦合会使测量信号的直流分量被滤除，仅保留交流分量进入示波器中；接地使信号直接与地相连。对于带宽限制，有"关 200 MHz"和"开 20 MHz"两种选择，一般测量信号的频率不会太高，所以建议选择"开 20 MHz"，以减少一些不必要的噪声干扰。对于伏/格，有粗调和细调两种形式，用于修改示波器屏幕显示波形时竖直方向上每格代表的幅值大小。一般选择粗调。对于探头衰减选项，一般要配合示波器探头上的衰减设置来使用，具体操作可参考本节"探头衰减与匹配"部分。对于反相这一选项，若选择开启，则会使测量波形以水平轴做一个对称变换，为不影响测量波形，一般选择关闭。

(4) MATH 按键。

泰克 4 通道示波器具有数学运算功能，该功能由 MATH 按键实现。按下 MATH 按键，可选择操作类型、信源、位置、垂直刻度四个选项。下面以 CH1、CH2 通道为例进行介绍，操作说明见表 2.1。

表 2.1　Math 操作说明

操作类型	信源	注释
+ (加)	CH1 + CH2	通道 1 和通道 2 相加
− (减)	CH1 − CH2	通道 1 和通道 2 相减
× (乘)	CH1 × CH2	通道 1 和通道 2 相乘
FFT	CH1	通道 1 做 FFT 变换

3．测量实例

下面以图 2.17 所示电路为测量电路，测量输出信号的频率。

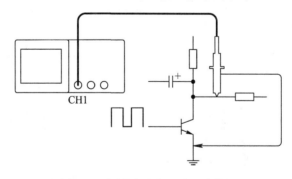

图 2.17　测试电路与示波器连接图

(1) 按下 MEASURE 按钮以查看"测量菜单"。

(2) 按下顶部选项按钮，显示 Mcasure 1 Menu(测量 1 菜单)。

(3) 按下"类型"→"频率"，"值"读数将显示测量结果及更新信息，按下"返回"选项按钮。

其余参数(如周期、峰-峰值、上升时间等)的测量可参考上述步骤。

测试结果如图 2.18 所示。

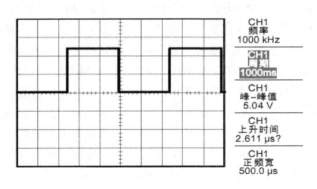

图 2.18　测试结果图

第3章　常用应用软件

3.1　单片机开发软件 Keil C51

3.1.1　概述

Keil C51 是美国 Keil Software 公司推出的 51 系列单片机开发集成软件。与汇编语言相比，C 语言在功能、结构性、可读性、可维护性上有明显的优势，因而易学易用。Keil 提供包括 C 编译器、链接器、功能强大的仿真调试器等在内的完整开发方案，通过一个集成开发环境(μVision)将这些部分组合在一起。如果使用 C 语言编程，那么 Keil 几乎就是不二之选，即使不使用 C 语言，而仅用汇编语言编程，其方便易用的集成环境、强大的软件仿真调试工具也会使编程过程变得事半功倍。

3.1.2　软件安装

Keil 的安装很容易，双击 Keil 安装图标以后，勾选必要的选项，几乎一路点"Next"就可以安装好。Keil 的起始安装界面如图 3.1 所示。

图 3.1　Keil 的起始安装界面

需要注意的是，填写用户信息的时候，所有的空格都要填入信息，不能留空，否则安装程序不能继续运行下去。在安装过程的第二步，需要输入注册信息，如图 3.2 所示。

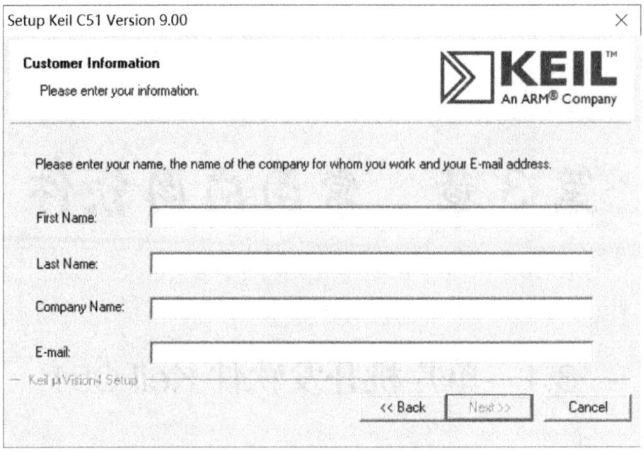

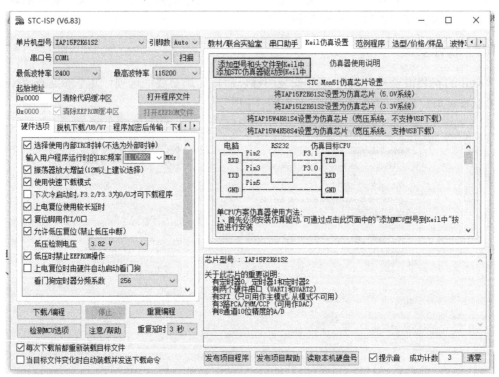

图 3.2　输入注册信息

3.1.3　单片机信息添加

本书使用的单片机芯片的型号为 IAP15F2K61S2，是 STC 公司最新的一款 51 单片机，但是 Keil 的芯片库内没有该芯片的信息，而且 Keil 不支持下载程序，所以需要另外一个下载程序的软件——STC-ISP(见图 3.3)。关于该软件的介绍，详见 4.1 节。

图 3.3　STC-ISP 软件界面

在图 3.3 右边的选项卡中选择"Keil 仿真设置"，点击选项卡内左上角的按钮，将单片机的信息添加到 Keil 的安装目录(如图 3.4 所示，安装目录为 D:\Keil)。

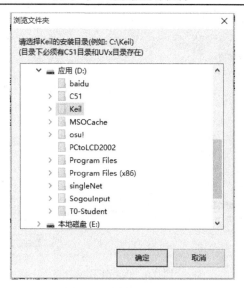

图 3.4　选择 Keil 目录

3.1.4　建立第一个工程

(1) 打开安装好的 Keil 软件，依次点击"Project"→"New μVision Project…"，如图 3.5 所示，开始新建一个工程。

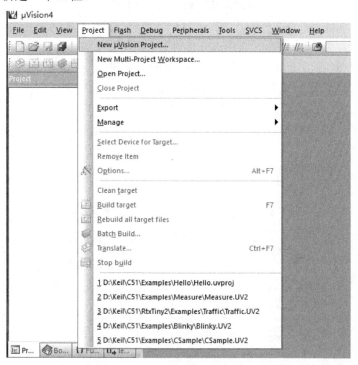

图 3.5　新建工程

(2) 新建一个独立的空文件夹，将工程文件保存在该文件夹中，比如本例创建在 D:/C51/test 目录下面，如图 3.6 所示。

图 3.6　保存工程文件

(3) 如果已经按照 3.1.3 节导入 STC 芯片资料，这里会弹出一个如图 3.7 所示的选择框来选择芯片型号。如果没有弹出，则说明 STC 芯片资料导入失败，需要重新导入。

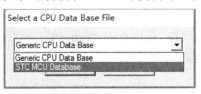

图 3.7　单片机芯片选择

(4) 型号选定后，会弹出如图 3.8 所示的对话框。在这里选择芯片的具体型号 STC15F2K60S2，点击"OK"按钮，完成芯片选型。

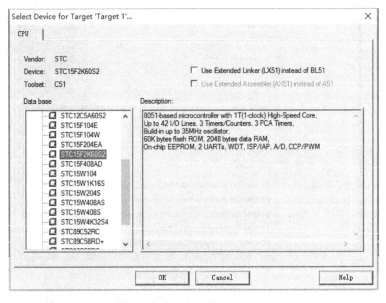

图 3.8　单片机具体型号选择

(5) 弹出一个对话框询问是否导入含有对应芯片信息的文件，选择"是"。

(6) 配置软件和硬件的基本属性。

① 点击工具栏中的"Target Options…"，如图 3.9 所示。

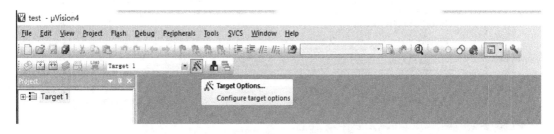

图 3.9　设置工程属性

② 在弹出的对话框中，切换至"Target"选项卡，设置晶振频率。该频率应该与单片机硬件系统的实际频率一致。这里对应的硬件系统的晶振是 12 MHz，因此，该选择框应输入 12.0，如图 3.10 所示。如果文本框中不是 12.0，则需要改成 12.0。

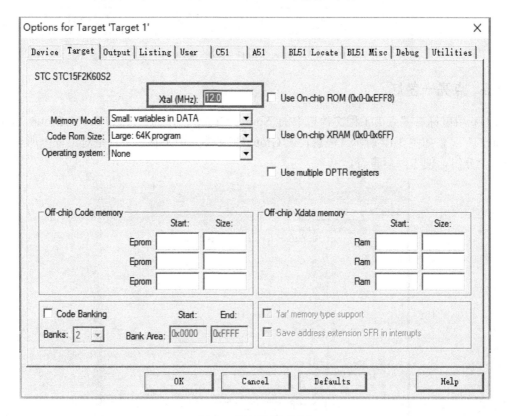

图 3.10　设置晶振频率

③ 切换至"Output"选项卡，如图 3.11 所示。将图 3.11 中的复选框选中，使编译时能生成程序下载所需的二进制文件。点击"OK"保存。

到此为止，一个正确的工程开发环境建立完毕，接下来的工作就是添加代码。

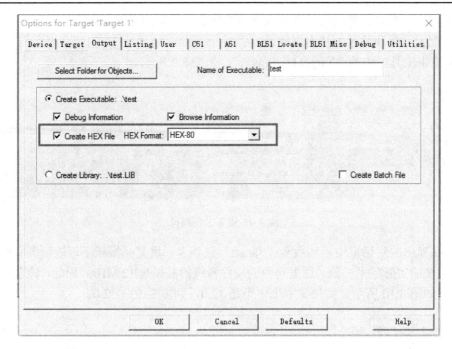

图 3.11　设置编译生成的文件

3.1.5　点亮一盏灯

(1) 用鼠标右键点击工程文件栏中的"Source Group 1",选择"Add Files to Group 'Source Group 1'…",如图 3.12 所示。注意,该 Group 在文件夹中不存在,只是对工程内所有文件的一个分组,便于以后查看。

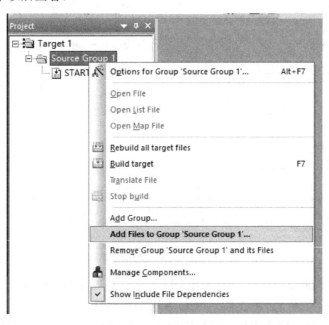

图 3.12　添加文件

(2) 弹出如图 3.13 所示的对话框。在 D:/C51/test 中放入一个 .c 文件。名称没有太大要求，不过如果放置 main 函数，建议把文件命名为 main.c。值得注意的是，点击 "Add" 后，该对话框不会自动关闭，需要手动关闭。

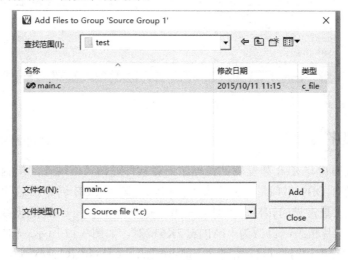

图 3.13　选择文件

(3) 输入代码。由于目的是点亮一盏 LED 灯，因此只需将一个 IO 口电平拉低。如果 LED 灯与单片机的 P1.0 口连接，那么仅仅拉低 P1.0 即可。LED 灯和单片机 IO 口的连接如图 3.14 所示。

代码如下：

```
#include <reg51.h>
void main()
{
    P1 = 0x01;
    while (1);
}
```

图 3.14　单片机 IO 口驱动 LED 灯示意图

(4) 选择 "Rebuild" 编译整个工程，如图 3.15 所示。

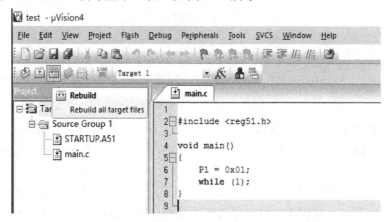

图 3.15　编译工程

编译的结果显示在下方的"Build Output"窗口中，如图3.16所示。当显示"0 Error(s)"时就可以下载程序了。后面的警告会提示一些可能会出问题的地方，可以忽略。

```
Build Output
Build target 'Target 1'
assembling STARTUP.A51...
compiling main.c...
linking...
Program Size: data=9.0 xdata=0 code=20
"test" - 0 Error(s), 0 Warning(s).
```

图 3.16　编译结果

3.1.6　下载程序

单片机通过串口与Keil开发软件及程序下载软件通信，但现在的电脑，尤其是笔记本电脑基本已经没有DB9串口，因此开发板一般都安装了USB转串口芯片，用于实现电脑与开发板的通信。最常见的转接芯片是CH340。把单片机通过USB数据线与电脑连接，打开STC-ISP，将单片机型号修改为"IAP15F2K61S2"，如图3.17所示。如果驱动安装正确，则在STC-ISP软件串口号中可以找到"USB-SERIAL CH340 (COMxx)"，其中"xx"是一个数字，表示串口的标号。

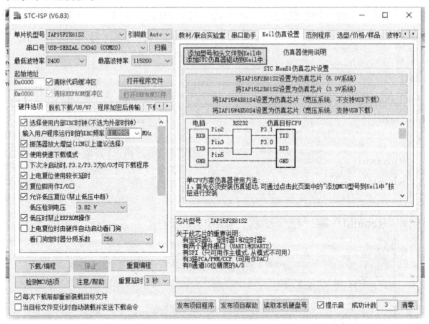

图 3.17　下载程序与单片机的连接

点击打开程序文件，定位到D:/C51/test工程文件，选择后缀名为.hex的二进制程序代码文件，如图3.18所示，点击"打开"。默认的二进制文件在用户创建的工程文件的Objects目录下面。

接下来点击"下载/编程"，但是会发现程序并没有下载，进度一直卡在"正在检测目标单片机…"步骤。这是因为对这个单片机下载程序的时候，需要进行一个"握手"操作，"握手"成功才会下载程序。

图 3.18　打开二进制程序代码文件

图 3.19 是本书作者自己开发的单片机小系统板。该板子的原理图在 STC 官网可以找到，读者如有条件可自行开发一款。图 3.19 中有三个按键。其中一个为方形开关，用来给单片机芯片供电。剩下的两个按键中，下面按键的下方写着"RST"，用来给单片机进行复位，而上面的按键用于进行"握手"操作。点击 STC-ISP 软件的"下载/编程"按钮后，按下单片机上面的"握手"按键，就可以正常下载程序。需要注意的是，下载程序后，需要对单片机进行复位，也就是按一下"RST"按键，才能让程序正常运行。

图 3.19　IAP15F2K61S2 单片机实拍

到此为止，基于 STC 单片机的软硬件连接就算完成了。下面介绍基于 Keil 软件的一些调试方法，具体的调试步骤可参考 Keil 软件的说明书，本书不做介绍。

3.2　硬件设计工具 DXP

本节将简要介绍基于 Altium Designer 15.1.15(以下简称 AD)软件的原理图及 PCB 设计，其他版本的操作界面有些许区别，但操作理念相似。为方便使用快捷键，进入 AD 软件后，请将输入法切换为英文。

3.2.1　AD 软件简要配置

AD 软件的主界面十分简洁，如图 3.20 所示。在这里需要注意文件/工程/导航窗口、元件库和储存管理器界面的位置。

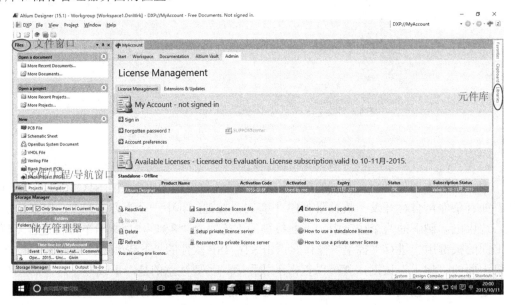

图 3.20　AD 软件的主界面

值得一提的是，AD 软件内置中文系统，选择菜单栏"DXP"→"Prefenerces"，在弹出的窗口中选中"Use localized resources"(见图 3.21)后重启 AD 即可使之变为中文显示。

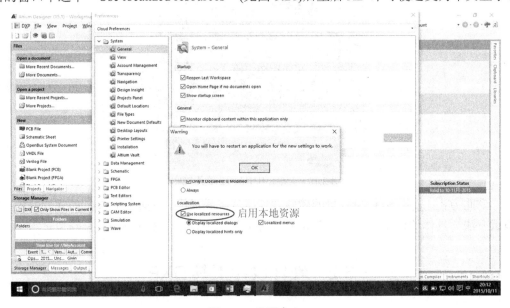

图 3.21　设置中文

鉴于 AD 版本不同，中文翻译可能有差别，因此为提升本书的兼容性，后面将使用英文界面。

3.2.2　创建 PCB 工程

依次点击"File"→"New"→"Project",弹出 New Project 属性窗口,如图 3.22 所示,依次点击图中 5 个步骤,实现 PCB 工程文件的创建。

图 3.22　New Project 属性窗口

注意:低版本 AD 没有 New Project 属性窗口,依次点击"File"→"New"→"Project"→"PCB Project"即可打开 New Project 属性窗口。要更改工程属性,必须在 File 窗口列表中右击工程名"Example PCB_Project.SchDoc"进行设置。

右击工程名,选择"Add New to Project"→"Schematic",向创建的工程中添加原理图(见图 3.23)。采用同样的操作添加 PCB 图。

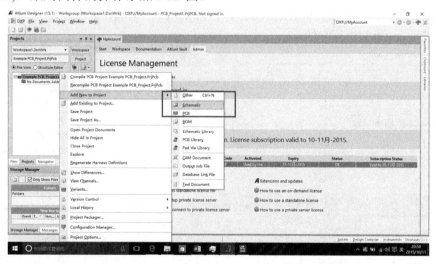

图 3.23　向工程中添加原理图和电路板图

添加完成后首先要做的是保存该工程,即右键点击工程名,选择"Save Project",弹出文件保存窗口,在此窗口中即可保存新添加的两个文件。建议工程名称、原理图名称和 PCB 图名称保持一致,这样方便日后操作。

3.2.3　原理图设计

在 Project 列表中选中原理图文件 Example Sheet1.SchDoc，如图 3.24 所示。在绘制原理图时，用户一般需要设置图纸大小、方向、网格大小、标题栏等内容。选择菜单栏"Design"→"Documents Options"，在弹出的对话框中选择 Standard Styles 即可设置纸张大小。要设置纸张方向，应在"Design"→"Documents Options"菜单下设置"Orientation"中的值。

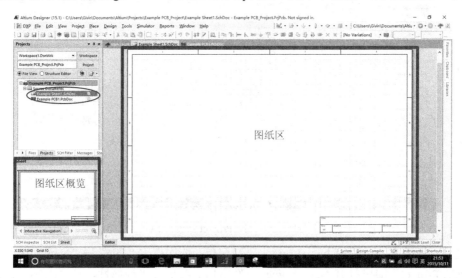

图 3.24　原理图概览

3.2.4　元器件选取

电阻、电容等电子元器件可从面板右侧的 Libraries 中选取，如图 3.25 所示。本节以选取电阻(代号 res)为例进行介绍。

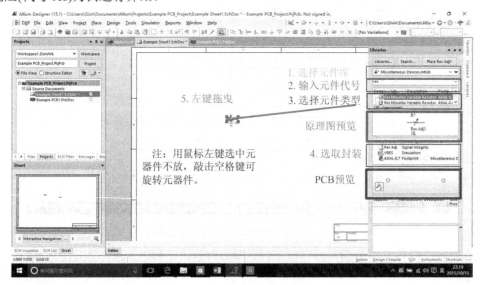

图 3.25　电阻选取

将图 3.25 中的第 5 步改为双击左键，也可在图纸上放置多个相同的元器件。在此情况下，按 Tab 键可弹出元器件属性界面，如图 3.26 所示。

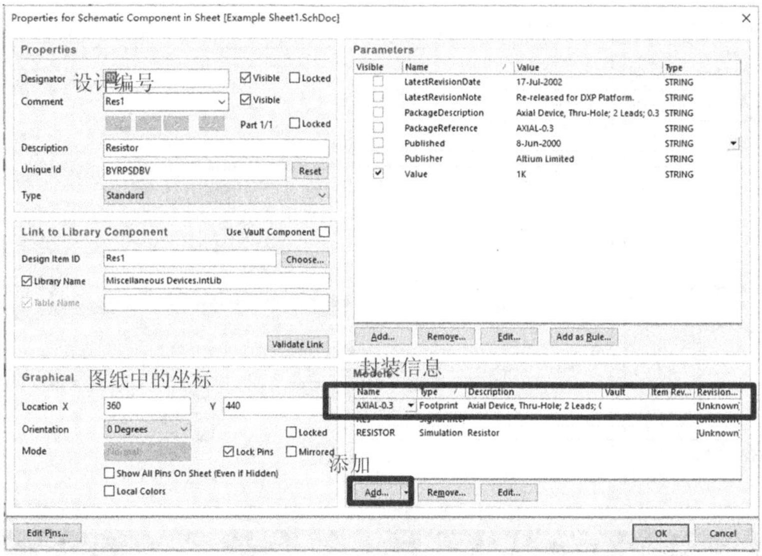

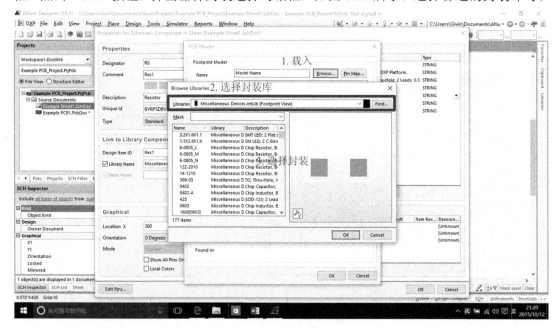

图 3.26　元器件属性界面

如果要为该元器件添加新的封装，则点击按钮"Add"，弹出"Add New Model"对话框，点击"OK"按钮，弹出器件封装选择对话框，如图 3.27 所示，选择合适的封装即可。

图 3.27　添加封装

元器件的代号一般是其英文单词或英文缩写，如电阻 res、电容 cap、电感 ind、插针 header。当然，如果不知道元器件的代号，也可以上网查找。

能选取元器件的前提是元件库中集成有该元器件。图 3.27 中的元件库为 AD 官方推出的库，包含大多数基本元器件。也可以向 AD 中导入其他元件库，如图 3.28 所示。

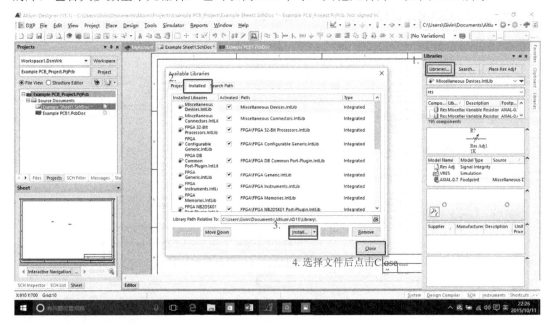

图 3.28　导入元件库

3.2.5　原理图布线

点击走线按钮，鼠标会变成十字光标，此时在图纸上点击左键设定线路起点，每点击一次左键将设置一个端点，点击右键结束画线。两线交叉的地方有结点表示相交，无结点则表示不相交(见图 3.29)。Ctrl + 鼠标滚轮或同时按下鼠标左右键推动鼠标可放大或缩小图纸。此技巧同样适用于 PCB 图纸。

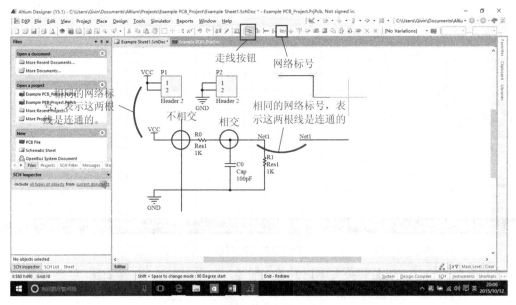

图 3.29　走线

走线时尽量保持原理图简洁美观，不相连的线尽量避免交叉。若原理图过于复杂，则可使用网络标号。相同的网络标号表示这些点在同一根线上，即相同的网络标号是相连通的。如图 3.29 所示，网络标号按钮右侧为 GND、VCC 快捷标号按钮。

3.2.6　PCB 布线

完成原理图后，选择菜单"Design"→"UpdatePCBDocumentExamplePCB1.PcbDoc"，将弹出如图 3.30 所示的对话框。

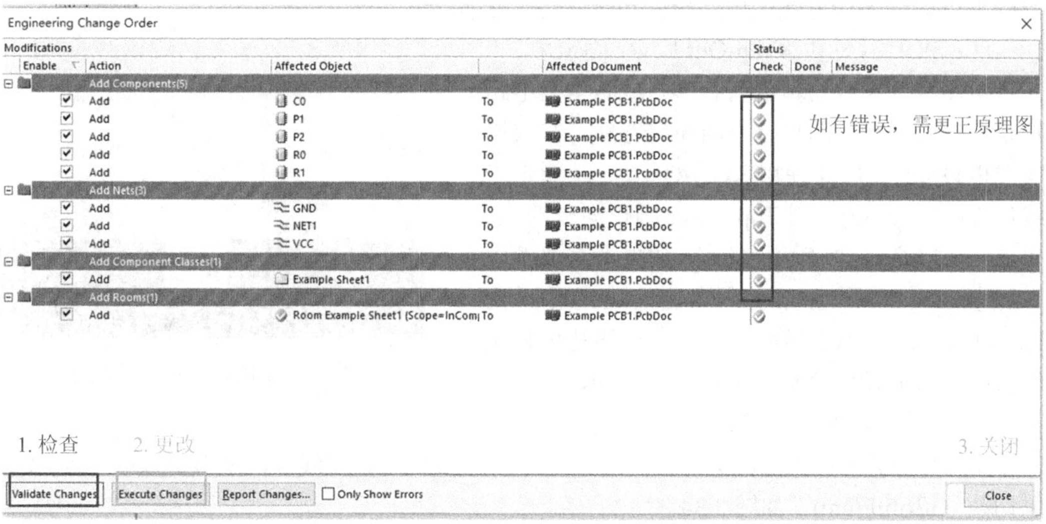

图 3.30　更新 PCB 对话框

完成图 3.30 所示操作后将进入 PCB 文档界面，如图 3.31 所示，元器件位于红色 Room 区，将其拖入屏幕中央后删去表面红色 Room 层。如果此后更改原理图，则重复上述操作。

图 3.31　PCB 不同布线层

3.2.7　走线布板

图 3.31 中元器件之间的白线表示这些焊盘相连但是还未连接。面板下方为线路类型选取窗口，每种类型的线以不同的颜色区分。这里主要介绍三种线：

(1) Top Layer：红色，正面板线。

(2) Bottom Layer：蓝色，背面板线。

(3) Keep-Out Layer：紫色，走线边界线。任何布线层的线都不允许超过边界线，一定程度上可以认为边界线是电路板的边界，务必要闭合。

注：PCB 尺寸由 Keep-Out Layer 确定。

电路板的布线层可以有很多，最简单的电路板是单层布线板，即只有一面布电路线。在双层布线板设计中，应先使用 Keep-Out Layer 圈定走线边界(见图 3.32)，用 Top Layer 画正面板的线，用 Bottom Layer 画背面板的线。如果不需要考虑电路板大小，则也可以在画完 PCB 后再用 Keep-Out Layer 画边界线。另外，过线孔可将正面板线和背面板线打通，如图 3.33 所示。

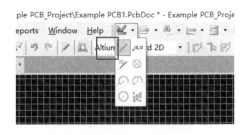

图 3.32　Keep-Out 走线按钮

在图纸空白处点击鼠标右键，依次选择"Design Rules" → "Routing" → "Width" → "Width"可设置线宽，采用组合键 Ctrl + Q 可以切换单位(mil/mm)，如图 3.34 所示。

如果图纸背板是白色网格线，则视线上容易与器件走线重叠。推荐将网格线设置为星点，以免出现干扰。设置方法为：在绘图页面下，按下字母 G 键，在弹出的快捷菜单中选择"Grid Properties"，将 Display 选项框中的"Fine""Coarse"两项改为 Dots。

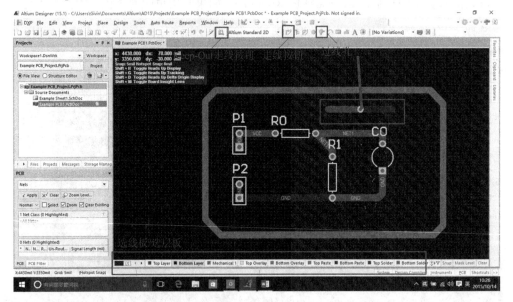

图 3.33　过孔示意图

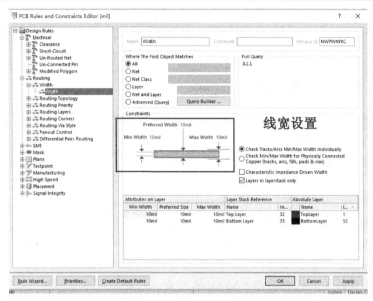

图 3.34　线宽设置

3.2.8　裁板

　　画好电路图后就可以进行裁板了，选中一条边界线，点击鼠标右键，在弹出的菜单中选择"Find Similar Object…"，将弹出的对话框中的 Layer 值设为 Same(见图 3.35(b))，点击 OK 按钮将选中所有的 Keep-Out Layer，同时会弹出一个属性信息框，见图 3.35(b)，可以在该信息框中更改一些属性。然后选择菜单栏"Design"→"Board Shape"→"Define from selected object"，系统将自动完成边框裁切。

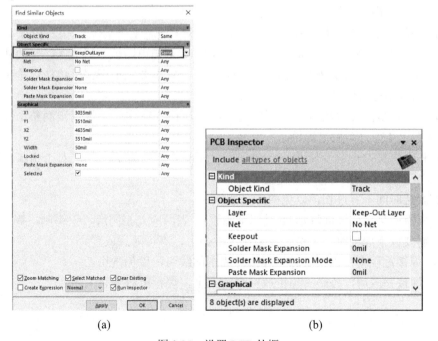

(a)　　　　　　　　　(b)

图 3.35　设置 PCB 外框

要全选 Keep-Out Layer，也可以直接用组合键 Ctrl + A。

目前已完成 AD 的基本操作，可以按数字 2 或者 3，在 2D 或 3D 视角下欣赏电路板(英文输入法状态下)，还可以在 3D 视角下按住 Shift + 鼠标右键以调整视角。

3.2.9 PCB 布板注意事项(手工制板)

在作为测试板时，PCB 板需要手工制作。因手工制作 PCB 板会受到限制，故在设计电路图时需要注意以下几点：

(1) 尽量画单层板(仅有一个覆铜层)，必要时可画双层板(有两个覆铜层)。画双层板时要尽量将大部分线路画在第一层，第二层留少量线路。若双层板无法满足要求，则可将电路拆成 N 个双层板，用接插件接在一起。比如，四层板可拆成两个双层板。

(2) 所画的电路板尺寸不能超过覆铜板的尺寸。如果过大，可以将电路板拆成若干个小电路板，用接插件连接。比如，电路板尺寸为 300 mm × 90 mm，覆铜板尺寸为 100 mm × 100 mm，可将电路板拆为 3 块或 4 块 75 mm × 90 mm 的小板。

(3) 线宽不能过窄，推荐使用 0.5 mm 的线宽。线间距也不能过窄，推荐线间距至少为 0.4 mm。

(4) 电源线、地线等功率线的线宽要大，推荐至少为 1 mm。

(5) 在电路板上标明正向记号，如在左上角放置一个孔。

3.2.10 焊接注意事项

焊接时的注意事项如下：

(1) 焊枪接通电源前，要先检查焊枪头是否牢固。

(2) 焊枪温度调为 300~350℃即可，如需拆除元器件，可适当调高温度。若元器件引脚较多，则可使用热风枪拆除(温度为 300~400℃)。

(3) 焊接前请将焊接头用清洁海绵擦拭干净(焊接头在擦干净后为银白色)。

(4) 焊接时，先将焊枪头靠在焊接点加热 1~2 s(与电路板一般成 45°，要注意使焊枪头同时接触两个被焊物)，然后从左侧送焊锡丝。一定不要先把焊锡丝熔在焊枪头上再焊接器件，否则容易造成虚焊。

(5) 送入适量的焊锡丝后，立即从左上 45° 方向撤走焊锡丝。焊锡浸润整个焊盘和焊接物后，从右上 45° 方向撤走焊枪。

(6) 整个焊接过程中步骤(4)、(5)的时间并不长，大约为 1~2 s。对于引脚比较多的贴片芯片，可以使用松香或助焊膏辅助焊接。

(7) 焊接时间不宜过长，以免烫坏元器件。

(8) 焊点应呈正弦波波峰形状(类似于圆锥)，表面应光亮圆滑，无锡刺，锡量适中。

(9) 需要放下焊枪时，焊枪必须架在焊枪架上，不可随意放置。

(10) 焊接过程中，手不要触碰焊接点周围的线路，以免烫伤。

(11) 焊接完成后，务必将焊枪放在焊枪架上，焊台电源务必关闭。

实践训练篇

第4章　系统模块介绍及训练

　　本章讲述测控系统开发所需的常见硬件模块和软件驱动程序，包括单片机系统、显示电路、按键识别、串口通信、模/数转换及数/模转换、温度传感器、电机驱动、基准电压源、信号调理等。通过了解这些基本模块，读者可完成后续的组合功能开发。

4.1　STC15 系列 8051 单片机软硬件联调

4.1.1　STC15F2K60S2 单片机概述

　　本书以 STC 公司的增强型 51 单片机 STC15F2K60S2 为系统平台。该单片机具有：

➤ 增强型 8051 内核结构(单时钟机器周期)，速度比传统 8051 内核单片机快 8～12 倍。

➤ 60 KB Flash 程序存储器，1 KB 数据 Flash，2048 B SRAM。

➤ 3 个 16 位可自动重装载的定时/计数器(T0、T1、T2)。

➤ 可编程时钟输出功能。

➤ 至多 44 根 I/O 口线(LQFP44 封装)。

➤ 2 个全双工异步串行口(UART)。

➤ 1 个高速同步通信端口(SPI)。

➤ 8 通道 10 位 ADC。

➤ 3 通道 PWM/可编程计数器阵列/捕获/比较单元。

➤ 内部高可靠上电复位电路和硬件看门狗。

➤ 内部集成高精度 R/C 时钟，当该单片机在常温下工作时，可以省去外部晶振电路。

　　该系列单片机和传统的 51 单片机相兼容，同时具备在线可编程及在线可仿真功能，极大地方便了用户的使用。要使用该系统，需要从 STC 官网(www.stcmcu.com)下载 ISP 软件。下面简要介绍 ISP 软件与 Keil 软件的联调使用方法。

4.1.2　程序下载模块及方法

1. STC 硬件系统连接

　　通过 USB 连接开发板。Win7 以上系统能够自动识别。如果不能识别，下载 ch340 驱动程序，并安装驱动即可。

　　打开 stc-isp-15xx-v6.82D ，选择 Keil 仿真设置菜单栏，点击 添加型号和头文件到Keil中/添加到STC仿真器驱动到Keil中，完成 STC 单片机库在 Keil 中的添加。

2. Keil 使用方法

(1) 打开 Keil 软件，点击"Project"→"New Project"→选择单片机型号(STC15F2K60S2)，

取名并保存工程文件。

(2) 点击"File"→"New"→"保存",取名为"led.c"(注意后缀名为.c),保存到刚才的工程文件下。

(3) 用鼠标右键单击左边窗口"Source Group 1",选择"Add Files to Group 'Source Group1'",将刚才建立的文件"led.c"加入工程文件中。

(4) 点击"build"按钮完成编译并建立链接,生成"LED.hex"文件。

(5) 回到 stc-isp-15xx-v6.82D 软件。

3. STC 调试环境设置

在左侧选择单片机型号(IAP15F2K61S2),选择对应的串口号(一般会自动显示),点击"打开程序文件",选择刚刚生成的"LED.hex"文件,选择合适的时钟频率(大部分情况下默认即可,在使用定时器和串口时要注意系统的时钟频率)。点击菜单选项"Keil 仿真设置"(见图 3.3),将 IAP15F2K61S2 设为仿真芯片,点击开发板上的 S2 按钮,系统开始下载程序。

4. Keil 使用方法(仿真设置)

在 Keil 软件菜单栏中,单击"Project"→"Options…",在弹出的对话框中选择"Output"栏,选中"Create HEX File"复选框,在"Debug"选项中选中"Use"单选框,在该单选框右边列表栏选中"STC Monitor-51 Driver"(如果没有此选项,说明 STC 驱动没有安装,需安装联调驱动程序,即重复第 1 步)。点击"setting",在弹出的对话框中的"COM"栏选择对应的 COM 口(可通过电脑的设备管理器查看),"Baudrate"选"57600"。选中两个复选框 "load applications"和"go till main"。点击"OK",完成软硬件联调设置。点击"Debug"按钮,开始程序调试。

到此,就完成了 Keil 软件与硬件开发系统的联调设置,可以实现针对单片机系统的单步调试、全速运行、寄存器变量查看等传统 51 仿真器的所有功能。关于 Keil 的详细功能,请参考 Keil 的相关开发文档。

4.2　显 示 模 块

4.2.1　数码管显示及驱动

LED 数码显示器是由发光二极管显示字段的显示器件。在应用系统中通常使用的是七段 LED 数码显示器。这种显示管有共阴极与共阳极两种,二极管阴极连在一起称为共阴极数码管,阳极连在一起称为共阳极数码管,如图 4.1 所示。

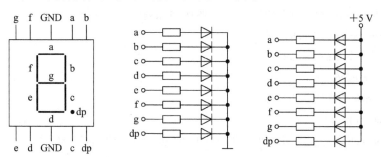

图 4.1　七段 LED 数码显示器

1. 静态显示

LED 显示器的工作方式有两种：静态显示和动态显示。静态显示的特点是每个数码管必须接一个 8 位锁存器，用来锁存待显示的字形码。送入一次字形码，则显示字形将一直保持，直到送入新字形码为止。这种方法的优点是占用 CPU 时间少，显示便于监测和控制；缺点是硬件电路比较复杂，成本较高。

2. 动态显示

在实际应用中，动态显示是更为实用的显示方式。所谓动态显示，是指轮流向各位数码管送出字形码和相应的位选，利用发光管的余辉和人眼视觉暂留作用，只要点亮与熄灭的时间分配适当，就能够感觉到所有数码管始终处于显示状态。若采用这种方式，就没有必要为每一位数码管配一个锁存器，从而简化了硬件电路。动态显示的亮度比静态显示的要差一些，所以要选择略小于静态显示电路的限流电阻。

动态显示时 CPU 需要经常执行相关程序以显示刷新，这样会占用较多的 CPU 时间，对需要快速运算或实时控制等用途会增加编程难度，但是可以利用一些编程技巧来减轻 CPU 的负担。例如，将显示程序编入需要经常调用的延时子程序中，就可以满足执行正常程序时进行动态显示的需求。

3. 八段 LED 显示器

使用 LED 显示器时，要注意区分静态显示和动态显示的不同接法。为显示数字或字符，必须对数字或字符进行编码。七段数码管加上一个小数点，共计 8 段。因此为 LED 显示器提供的编码正好是一个字节。共阴极 8 位数码管对应段码表如表 4.1 所示。

表 4.1 共阴极 8 位数码管对应段码表

原码	0	1	2	3	4	5	6	7
段码	0x3f	0x06	0x5b	0x4f	0x66	0x6d	0x7d	0x07
原码	8	9	A	B	C	D	E	F
段码	0x7f	0x6f	0x77	0x7c	0x39	0x5e	0x79	0x71

【例 4.1】 用 STC15 作为主控 IO 驱动 2 个 8 位共阴极数码管，要求轮流显示 0~99 共 100 个数。硬件连线图如图 4.2 所示，采用动态显示方式。

程序如下：

```
#include "STC15Fxxxx.H"        //STC15 系列单片机头文件
#define uchar unsigned char
#define uint unsigned int
sbit ten=P2^6;
sbit single=P2^7;
uchar num;
uchar code table[]={0x3f,0x06,0x5b,0x4f,0x66,0x6d,0x7d,0x07,0x7f,0x6f};
void delayms(uint);
```

```
void main()
{
    while(1)
{
for(num=0;num<100;num++)              //0~99 循环显示
    {
    ten=1;                            //打开 U1 锁存端
    P3=table[num/10];                 //送入十位段码值
    ten=0;                            //关闭 U1 锁存端
    delayms(500);                     //延时 0.5 s
    single=1;                         //打开 DS1 锁存端
    P3= table[nu%10];                 //送入个位段码值
    single=0;                         //关闭 DS1 锁存端
    }
    }
}
void delayms(uint xms)//毫秒延时函数
{
    uint i,j;
    for(i=xms;i>0;i—)
    for(j=110;j>0;j--);
}
```

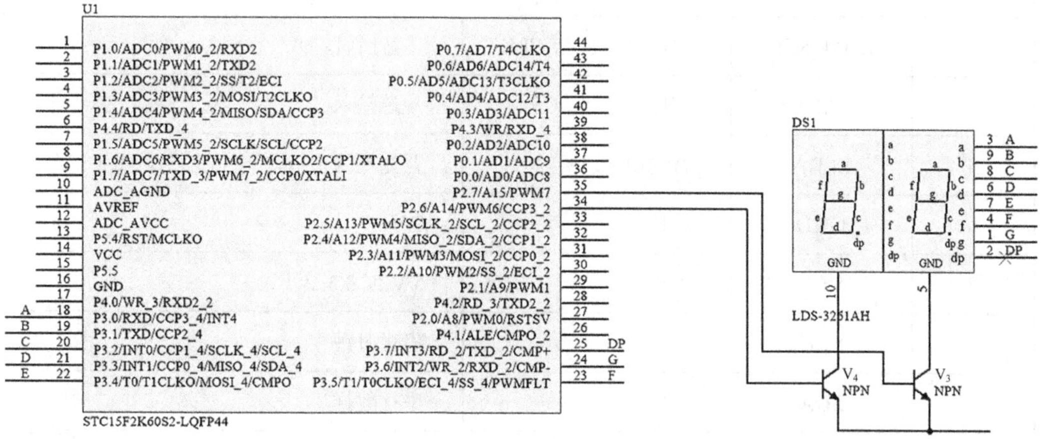

图 4.2   数码管与 CPU 连接图

4.2.2   液晶显示模块

液晶(Liquid Crystal)是一种高分子材料,从 20 世纪中叶开始广泛运用在轻薄显示器上。

在单片机应用领域,常用的液晶型号通常按照显示字符的行数或液晶点阵的行列数来命名。例如,1602 的意思是每行显示 16 个字符,共显示两行。类似的命名还有 0801、1601 等;12864 是按照液晶行列数命名的,表示液晶由 128 行和 64 列组成,共有 128×64 个点来显示各种图形。

　　液晶驱动电压低,功耗微小,显示信息量大,对人体无危害,成本低廉,可以制成各种规格和类型的液晶显示器,但其最大的缺点是工作温度范围较窄(其使用温度范围大约为 −40~+90℃)。液晶通常分为常温 LCD、宽温 LCD 和超宽温 LCD。常温 LCD 一般是指工作温度在 0~50℃的 LCD,宽温 LCD 一般是指工作温度在−20~+70℃的 LCD,超宽温 LCD 一般是指工作温度在−40~+90℃的 LCD。通常低温性能好的 LCD,其高温性能会差一些。LCD 的工作温度不同,价格差异巨大。

　　下面以常见的 JLX12864 液晶模块为例,讲述 LCD 的基本原理及使用方法。

　　带中文字库的 JLX12864 液晶模块是一种具有 4 位/8 位并行、2 线/3 线串行等多种接口方式,内部含有国标一级、二级简体中文字库的点阵图形液晶显示模块;其显示分辨率为 128×64,内置 8192 个 16×16 点阵汉字和 128 个 16×8 点阵 ASCII 字符集,该模块共可以显示 4 行×8 列共 32 个 16×16 点阵的汉字,也可完成图形显示。利用该模块灵活的接口方式和简单、方便的操作指令,可构成全中文人机交互图形界面。液晶模块的引脚功能如表 4.2 所示,指令表如表 4.3 所示。

表 4.2　液晶模块的引脚功能

引脚号	符号	名　　称	功　　能
1	ROM_IN	字库 IC 接口 SI	串行数据输入
2	ROM_OUT	字库 IC 接口 SO	串行数据输出
3	ROM_SCK	字库 IC 接口 SCLK	串行时钟输入
4	ROM_CS	字库 IC 接口 CS	片选输入
5	LEDA	背光电源	背光电源正极,同 VCC(5 V 或 3.3 V)
6	GND	接地	0 V
7	VCC	电源	5 V 或 3.3 V
8	SCK	I/O	串行时钟
9	SDA	I/O	串行数据
10	RS(CD)	寄存器选择信号	1 表示数据寄存器,0 表示指令寄存器
11	RST	复位	低电平复位
12	CS	片选	低电平片选

表 4.3　JLX12864 指令表

指令名称	RS	DB7	DB6	DB5	DB4	DB3	DB2	DB1	DB0	说　明
显示开/关	0	1	0	1	0	1	1	1	0 / 1	0xAE：关； 0xAF：开
显示初始行设置	0	0	1	显示初始行地址，共 6 位						设置显示存储器的初始行,可设置值为 0x40~0x7F,分别代表第 0~63 行,该液晶屏一般设置为 0x40
页地址设置	0	1	0	1	1	显示页地址，共 4 位				设置页地址。每 8 行为一个页,64 行分为 8 个页,可设置为 0xB0~0xB8,分别对应第 1~9 页,第 9 页是单独的一行图标,本液晶屏没有这行图标,所以设置为 0xB0~0xB7,分别对应第 1~8 页
列地址高 4 位设置	0	0	0	0	1	列地址的高 4 位				高 4 位与低 4 位共同组成列地址,指定 128 列中的一列。比如,液晶模块的第 100 列地址(十六进制)为 0x64,那么此指令由 2 个字节表达为 0x16、0x04
列地址低 4 位设置		0	0	0	0	列地址的低 4 位				
读状态	0	状态				0	0	0	0	并口时,读驱动 IC 的当前状态;串口时,不能用此指令。本液晶模块使用串行接口,不具备此功能
写显示数据到液晶屏	1	8 位显示数据								从 CPU 写数据到液晶屏,每一位对应一个点阵,1 个字节对应 8 个竖置的点阵
读液晶屏的显示数据	1	8 位显示数据								并口时,读已经显示到液晶屏上的点阵数据;串口时,不能用此指令。本液晶模块使用串行接口,不具备此功能
显示列地址增减		1	0	1	0	0	0	0	0 / 1	0xA0：常规,列地址从左到右; 0xA1：反转,列地址从右到左
显示正显/反显	0	1	0	1	0	0	1	1	0 / 1	0xA6：常规,正显; 0xA7：反显
显示全部点阵	0	1	0	1	0	0	1	0	0 / 1	0xA4：常规; 0xA5：显示全部点阵
LCD 偏压比设置	0	1	0	1	0	0	0	1	0 / 1	0xA2：BIAS=1/9(常用); 0xA3：BIAS=1/7
读-改-写	0	1	1	1	0	0	0	0	0	0xE0："读-改-写"指令开始。本液晶模块使用串行接口,不具备此功能。详情请参考 IC 资料
退出上述"读-改-写"指令	0	1	1	1	0	1	1	1	0	0xEE："读-改-写"指令结束。本液晶模块使用串行接口,不具备此功能。详情请参考 IC 资料
软件复位	0	1	1	1	0	0	0	1	0	0xE2：软件复位

JLX12864 液晶模块操作时序图如图 4.3 所示。传输指令/数据时片选(CS0,即表 4.2 中

的 CS)必须为低电平。当 CD(即表 4.2 中的 RS)为低电平时，传输指令；当 CD 为高电平时，传输数据。在 SCK 上升沿，SDA 传输 1 位指令/数据，先传的是高位 D7，传 8 位就是一个字节。

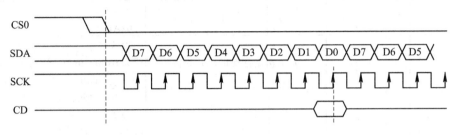

图 4.3　JLX12864 液晶模块操作时序图

图 4.4 所示为 JLX12864 与 CPU 的连接图。

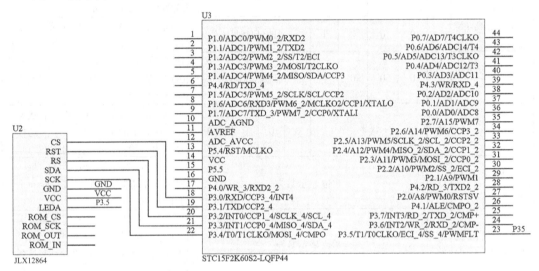

图 4.4　JLX12864 与 CPU 连接图

【例 4.2】采用 STC15 作为主控的 IO 方式驱动 LCD12864 来显示字符。

```
/***************定义 12864 接口*****************/

sbit     P_LCDCS = P4^5;            //对应 12864 上的 CS 引脚

sbit     P_LCDRST = P4^4;           //对应 12864 上的 RST 引脚

sbit     P_LCDRS = P4^2;            //对应 12864 上的 RS 引脚

sbit     P_LCDDAT = P2^7;           //对应 12864 上的 SDA 引脚

sbit     P_LCDCLK = P2^3;           //对应 12864 上的 SCK 引脚

#define uchar unsigned char

#define uint unsigned int

#define ulong unsigned long

//*************************************************************

// 函数名称：LcdWriteCommand
```

```
// 函数功能：写指令到 LCD 模块
// 传入参数：指令
// 返回参数：无
//*************************************************************
void LcdWriteCommand(uchar data1)
{
    uchar i;
    P_LCDCS = 0;
    P_LCDRS = 0;
    for(i=8;i>0;i--)
    {
        P_LCDCLK=0;
        if(data1&0x80)
        P_LCDDAT=1;
        else P_LCDDAT=0;
        P_LCDCLK=1;
        data1 <<= 1;
    }
}
//*************************************************************
// 函数名称：LcdWritedata
// 函数功能：写数据到 LCD 模块
// 传入参数：数据
// 返回参数：无
//*************************************************************
void LcdWritedata(uchar data1)
{
    uchar i;
    P_LCDCS = 0;
    P_LCDRS = 1;
    for(i=8;i>0;i--)
    {
        P_LCDCLK=0;
        if(data1&0x80)
        P_LCDDAT=1;
        else
        P_LCDDAT=0;
        P_LCDCLK=1;
```

```
            data1 <<= 1;
            }
    }
//*************************************************************
// 函数名称：Lcd_SetAddr
// 函数功能：设置 LCD 显示地址
// 传入参数：page 为页地址(0~7)，column 为列地址(0~127)
// 返回参数：无
//*************************************************************
void Lcd_SetAddr(uchar page,uchar column)
{
    P_LCDCS = 0 ;
    LcdWriteCommand(0xb0|page);            //设置页地址
    LcdWriteCommand((column>>4)|0x10);   //设置列地址的高 4 位
    LcdWriteCommand(column&0x0f);         //设置列地址的低 4 位
}
//*************************************************************
// 函数名称：Clear_Screen
// 函数功能：全屏清屏
// 传入参数：无
// 返回参数：无
//*************************************************************
void Clear_Screen(void)
{
    uchar i,j;
    P_LCDCS = 0 ;
    i=9 ;
    do{
        i-- ;
        Lcd_SetAddr(i,0);
        for(j=132;j>0;j--)
        LcdWritedata(0x00);
    }while(i);
        P_LCDCS = 1 ;
}


//*************************************************************
// 函数名称：Init_lcd12864
```

```
//  函数功能：LCD 模块初始化
//  传入参数：无
//  返回参数：无
//**********************************************************************
void Init_lcd12864(void)
{
    P_LCDCS = 0 ;
    P_LCDRST = 0 ;                  //低电平复位
    delay_ms(100);
    P_LCDRST = 1;                   //复位完毕
    delay_ms(20);
    LcdWriteCommand(0xe2);          //软复位
    delay_ms(5);
    LcdWriteCommand(0x2c);          //升压步骤 1
    delay_ms(5);
    LcdWriteCommand(0x2e);          //升压步骤 2
    delay_ms(5);
    LcdWriteCommand(0x2f);          //升压步骤 3
    delay_ms(5);
    LcdWriteCommand(0x23);          //粗调对比度，可设置范围为 0x20～0x27
    LcdWriteCommand(0x81);          //微调对比度
    LcdWriteCommand(0x26);          //微调对比度的值，可设置范围为 0x00～0x3f
    LcdWriteCommand(0xa2);          //偏压比(bias)为 1/9
    LcdWriteCommand(0xc8);          //行扫描顺序为从下到上
    LcdWriteCommand(0xa0);          //列扫描顺序为从左到右
    LcdWriteCommand(0x40);          //第一行开始
    LcdWriteCommand(0xaf);          //开显示
    P_LCDCS = 1 ;
}


//**********************************************************************
//  函数名称：display_graphic_6x8
//  函数功能：显示一个 6×8 的字符
//  传入参数：page 为页地址(0~7)，column 为列地址(0~127)，*dp 为字符数据指针
//  返回参数：无
//**********************************************************************
void display_graphic_6x8( uchar page, uchar column, const uchar *dp )
{
```

```
        uchar i = 0;
        P_LCDCS = 0;
        Lcd_SetAddr(page, column);
        for (i=0 ; i<6 ; i++)
        {
            LcdWritedata(*dp);
            dp++;
        }
        P_LCDCS = 1;
}
int main()
{
    int i = 0;
    double j = 0;
    Init_lcd12864();        //初始化显示屏
    Clear_Screen();         //清屏
    while(1)
    {
        display_graphic_6x8(1,10,font6x8[1]);   //显示"! "
    }
    return 0;
}


//6×8 字符库，可以通过字符取模软件生成
const uchar font6x8[][6] =
{
{ 0x00, 0x00, 0x00, 0x00, 0x00, 0x00 },    // sp     0
{ 0x00, 0x00, 0x00, 0x2f, 0x00, 0x00 },    // !
{ 0x00, 0x00, 0x07, 0x00, 0x07, 0x00 },    // "
{ 0x00, 0x14, 0x7f, 0x14, 0x7f, 0x14 },    // #
{ 0x00, 0x24, 0x2a, 0x7f, 0x2a, 0x12 },    // $
{ 0x00, 0x62, 0x64, 0x08, 0x13, 0x23 },    // %      5
{ 0x00, 0x36, 0x49, 0x55, 0x22, 0x50 },    // &
{ 0x00, 0x00, 0x05, 0x03, 0x00, 0x00 },    // '
{ 0x00, 0x00, 0x1c, 0x22, 0x41, 0x00 },    // (
{ 0x00, 0x00, 0x41, 0x22, 0x1c, 0x00 },    // )
{ 0x00, 0x14, 0x08, 0x3E, 0x08, 0x14 },    // *      10
{ 0x00, 0x08, 0x08, 0x3E, 0x08, 0x08 },    // +
```

```
{ 0x00, 0x00, 0x00, 0xA0, 0x60, 0x00 },    // ,
{ 0x00, 0x08, 0x08, 0x08, 0x08, 0x08 },    // -
{ 0x00, 0x00, 0x60, 0x60, 0x00, 0x00 },    // .
{ 0x00, 0x20, 0x10, 0x08, 0x04, 0x02 },    // /          15
{ 0x00, 0x3E, 0x51, 0x49, 0x45, 0x3E },    // 0
{ 0x00, 0x00, 0x42, 0x7F, 0x40, 0x00 },    // 1
{ 0x00, 0x42, 0x61, 0x51, 0x49, 0x46 },    // 2
{ 0x00, 0x21, 0x41, 0x45, 0x4B, 0x31 },    // 3
{ 0x00, 0x18, 0x14, 0x12, 0x7F, 0x10 },    // 4          20
{ 0x00, 0x27, 0x45, 0x45, 0x45, 0x39 },    // 5
{ 0x00, 0x3C, 0x4A, 0x49, 0x49, 0x30 },    // 6
{ 0x00, 0x01, 0x71, 0x09, 0x05, 0x03 },    // 7
{ 0x00, 0x36, 0x49, 0x49, 0x49, 0x36 },    // 8
{ 0x00, 0x06, 0x49, 0x49, 0x29, 0x1E },    // 9          25
{ 0x00, 0x00, 0x36, 0x36, 0x00, 0x00 },    // :
{ 0x00, 0x00, 0x56, 0x36, 0x00, 0x00 },    // ;
{ 0x00, 0x08, 0x14, 0x22, 0x41, 0x00 },    // <
{ 0x00, 0x14, 0x14, 0x14, 0x14, 0x14 },    // =
{ 0x00, 0x00, 0x41, 0x22, 0x14, 0x08 },    // >          30
{ 0x00, 0x02, 0x01, 0x51, 0x09, 0x06 },    // ?
{ 0x00, 0x32, 0x49, 0x59, 0x51, 0x3E },    // @
{ 0x00, 0x7C, 0x12, 0x11, 0x12, 0x7C },    // A
{ 0x00, 0x7F, 0x49, 0x49, 0x49, 0x36 },    // B
{ 0x00, 0x3E, 0x41, 0x41, 0x41, 0x22 },    // C          35
{ 0x00, 0x7F, 0x41, 0x41, 0x22, 0x1C },    // D
{ 0x00, 0x7F, 0x49, 0x49, 0x49, 0x41 },    // E
{ 0x00, 0x7F, 0x09, 0x09, 0x09, 0x01 },    // F
{ 0x00, 0x3E, 0x41, 0x49, 0x49, 0x7A },    // G
{ 0x00, 0x7F, 0x08, 0x08, 0x08, 0x7F },    // H          40
{ 0x00, 0x00, 0x41, 0x7F, 0x41, 0x00 },    // I
{ 0x00, 0x20, 0x40, 0x41, 0x3F, 0x01 },    // J
{ 0x00, 0x7F, 0x08, 0x14, 0x22, 0x41 },    // K
{ 0x00, 0x7F, 0x40, 0x40, 0x40, 0x40 },    // L
{ 0x00, 0x7F, 0x02, 0x0C, 0x02, 0x7F },    // M          45
{ 0x00, 0x7F, 0x04, 0x08, 0x10, 0x7F },    // N
{ 0x00, 0x3E, 0x41, 0x41, 0x41, 0x3E },    // O
{ 0x00, 0x7F, 0x09, 0x09, 0x09, 0x06 },    // P
{ 0x00, 0x3E, 0x41, 0x51, 0x21, 0x5E },    // Q
```

```
{ 0x00, 0x7F, 0x09, 0x19, 0x29, 0x46 },      // R      50
{ 0x00, 0x46, 0x49, 0x49, 0x49, 0x31 },      // S
{ 0x00, 0x01, 0x01, 0x7F, 0x01, 0x01 },      // T
{ 0x00, 0x3F, 0x40, 0x40, 0x40, 0x3F },      // U
{ 0x00, 0x1F, 0x20, 0x40, 0x20, 0x1F },      // V
{ 0x00, 0x3F, 0x40, 0x38, 0x40, 0x3F },      // W      55
{ 0x00, 0x63, 0x14, 0x08, 0x14, 0x63 },      // X
{ 0x00, 0x07, 0x08, 0x70, 0x08, 0x07 },      // Y
{ 0x00, 0x61, 0x51, 0x49, 0x45, 0x43 },      // Z
{ 0x00, 0x00, 0x7F, 0x41, 0x41, 0x00 },      // [
{ 0x00, 0x02, 0x04, 0x08, 0x10, 0x20 },      // \      60
{ 0x00, 0x00, 0x41, 0x41, 0x7F, 0x00 },      // ]
{ 0x00, 0x04, 0x02, 0x01, 0x02, 0x04 },      // ^
{ 0x00, 0x40, 0x40, 0x40, 0x40, 0x40 },      // _
{ 0x00, 0x00, 0x01, 0x02, 0x04, 0x00 },      // '
{ 0x00, 0x20, 0x54, 0x54, 0x54, 0x78 },      // a      65
{ 0x00, 0x7F, 0x48, 0x44, 0x44, 0x38 },      // b
{ 0x00, 0x38, 0x44, 0x44, 0x44, 0x20 },      // c
{ 0x00, 0x38, 0x44, 0x44, 0x48, 0x7F },      // d
{ 0x00, 0x38, 0x54, 0x54, 0x54, 0x18 },      // e
{ 0x00, 0x08, 0x7E, 0x09, 0x01, 0x02 },      // f      70
{ 0x00, 0x18, 0xA4, 0xA4, 0xA4, 0x7C },      // g
{ 0x00, 0x7F, 0x08, 0x04, 0x04, 0x78 },      // h
{ 0x00, 0x00, 0x44, 0x7D, 0x40, 0x00 },      // i
{ 0x00, 0x40, 0x80, 0x84, 0x7D, 0x00 },      // j
{ 0x00, 0x7F, 0x10, 0x28, 0x44, 0x00 },      // k      75
{ 0x00, 0x00, 0x41, 0x7F, 0x40, 0x00 },      // l
{ 0x00, 0x7C, 0x04, 0x18, 0x04, 0x78 },      // m
{ 0x00, 0x7C, 0x08, 0x04, 0x04, 0x78 },      // n
{ 0x00, 0x38, 0x44, 0x44, 0x44, 0x38 },      // o
{ 0x00, 0xFC, 0x24, 0x24, 0x24, 0x18 },      // p      80
{ 0x00, 0x18, 0x24, 0x24, 0x18, 0xFC },      // q
{ 0x00, 0x7C, 0x08, 0x04, 0x04, 0x08 },      // r
{ 0x00, 0x48, 0x54, 0x54, 0x54, 0x20 },      // s
{ 0x00, 0x04, 0x3F, 0x44, 0x40, 0x20 },      // t
{ 0x00, 0x3C, 0x40, 0x40, 0x20, 0x7C },      // u      85
{ 0x00, 0x1C, 0x20, 0x40, 0x20, 0x1C },      // v
{ 0x00, 0x3C, 0x40, 0x30, 0x40, 0x3C },      // w
```

```
{ 0x00, 0x44, 0x28, 0x10, 0x28, 0x44 },    // x
{ 0x00, 0x1C, 0xA0, 0xA0, 0xA0, 0x7C },    // y
{ 0x00, 0x44, 0x64, 0x54, 0x4C, 0x44 },    // z      90
{ 0x00, 0x08, 0x7F, 0x41, 0x00, 0x00 },    // {
{ 0x00, 0x00, 0xFF, 0x00, 0x00, 0x00 },    // |
{ 0x00, 0x00, 0x41, 0x7F, 0x08, 0x00 },    // }
{ 0x08, 0x10, 0x10, 0x08, 0x08, 0x10 },    // ~
};
```

4.3 键 盘 模 块

常用的非编码键盘有独立式非编码键盘和矩阵式非编码键盘两种。

1. 独立式非编码键盘

独立式非编码键盘如图 4.5 所示，每个按键占用一根 IO 口线，电路简单，但是占用单片机的 IO 口线较多，在按键较少的情况下可以使用，但是在按键较多时往往不予采用。

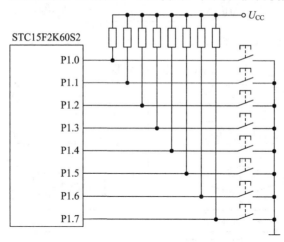

图 4.5 独立式非编码键盘

2. 矩阵式非编码键盘

当按键较多时，常采用矩阵式开关结构，如图 4.6 所示，这种结构又称为矩阵式非编码键盘。矩阵式非编码键盘可以减少硬件和连线，减少 IO 口的占用，是较为常见的键盘结构形式。

由于按键具有机械结构的特性，因此按键在导通或断开瞬间并非完全可靠接触，而是存在一个抖动期，此期间的变化波形如图 4.7 所示。前沿抖动(t_{W1})和后沿抖动(t_{W2})的时间一般不超过 10 ms。在口线抖动期间，单片机无法准确检测出口线电平的准确值，必须采取一定的措施加以鉴别。通常采用软件方法来去抖，即检测出按键闭合后执行一个延时程序，延时约 5～10 ms，让前沿抖动消失后再次检测按键的状态，如果仍保持闭合状态，则确认为真正有键按下。当检测到按键释放后，也要给 5～10 ms 的延时，待后沿抖动消失后才能转入该按键的处理程序。矩阵式非编码键盘的工作流程如图 4.8 所示。

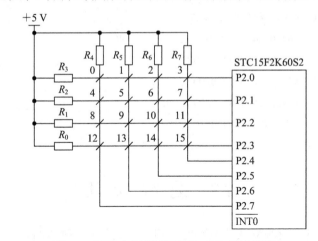

图 4.6　矩阵式非编码键盘与 CPU 的连接图

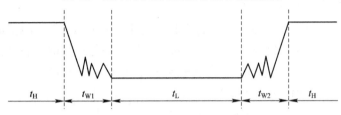

图 4.7　按键抖动期间波形图

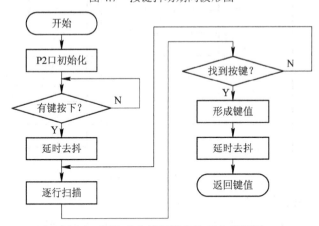

图 4.8　矩阵式非编码键盘的工作流程图

【例 4.3】采用 STC15 作为主控的 IO 方式驱动 16 个矩阵式键盘，16 个矩阵式键盘的 8 条线分别与单片机的 P2 口相连。

```
#include <STC15Fxxxx.H>
/***************************数码管表格***************************/
unsigned char table[]=
{0xC0,0xF9,0xA4,0xB0,0x99,0x92,0x82,0xF8,0x80,0x90,0x88,0x83,0xC6,0xA1,0x86,0x8E};
//对应数值分别是共阳极数码管 0，1，2，…，F 的码值
/***************************************************************
```

函数功能:延时子程序

```
***************************************************************/
void delay(void)
{
    unsigned char i,j;
    for(i=0;i<20;i++)
    for(j=0;j<250;j++);
}
/****************************************************************
```

函数功能:键盘扫描子程序

```
***************************************************************/
unsigned char   keyscan(void)
{
    unsigned char n,key_code;
    //扫描第一行
    P2=0xfe;
    n=P2;
    n&=0xf0;
    if(n!=0xf0)
    {
        delay();
        P2=0xfe;
        n=P2;
        n&=0xf0;
        if(n!=0xf0)
        {
            switch(n)
            {
            case(0xe0):key_code=3;break;
            case(0xd0):key_code=2;break;
            case(0xb0):key_code=1;break;
            case(0x70):key_code=0;break;
            }
        }
    }
    //扫描第二行
    P2=0xfd;
    n=P2;
    n&=0xf0;
```

```
if(n!=0xf0)
{
    delay();
    P2=0xfd;
    n=P2;
    n&=0xf0;
    if(n!=0xf0)
    {
        switch(n)
        {
        case(0xe0):key_code=7;break;
        case(0xd0):key_code=6;break;
        case(0xb0):key_code=5;break;
        case(0x70):key_code=4;break;
        }
    }
}
//扫描第三行
P2=0xfb;
n=P2;
n&=0xf0;
if(n!=0xf0)
{
    delay();
    P2=0xfb;
    n=P2;
    n&=0xf0;
    if(n!=0xf0)
    {
        switch(n)
        {
        case(0xe0): key_code=11;break;
        case(0xd0):key_code=10;break;
        case(0xb0):key_code=9;break;
        case(0x70):key_code=8;break;
        }
    }
}
//扫描第四行
```

```
                P2=0xf7;
                n=P2;
                n&=0xf0;
                if(n!=0xf0)
                {
                        delay();
                        P2=0xf7;
                        n=P2;
                        n&=0xf0;
                        if(n!=0xf0)
                        {
                                switch(n)
                                {
                                case(0xe0):key_code=15;break;
                                case(0xd0):key_code=14;break;
                                case(0xb0):key_code=13;break;
                                case(0x70):key_code=12;break;
                                }
                        }
                }
        return key_code; //返回键值
        }
        /*************************************************************
        函数功能:主程序
        *************************************************************/
        void main(void)
        {
            unsigned char    key;
            while(1)
            {
                key=keyscan();          //执行键盘扫描程序, 得到键值
            }
        }
```

4.4　串　口　通　信

　　单片机的串口输出电平一般是 TTL 电平, 传输距离有限, 因此, 在实际应用中, 往往需要转换为其他电平实现串口通信。常见的通信方式为采用 RS232C、RS485、RS422 接口

进行通信，下面对它们的特性分别进行介绍。

1. RS232C

RS232C 既是个人计算机上的通信接口之一，又是美国 EIA(电子工业联合会)与 BELL 等公司一起开发的于 1969 年公布的通信协议。通常 RS232C 接口以 9 个引脚(DB9)(如图 4.9 所示)或是 25 个引脚(DB25)的形态出现。9 个引脚的功能描述如表 4.4 所示。工业控制的 RS232C 口一般只使用 RXD、TXD、GND 三根线，即 2、3、5 三个引脚。RS232C 接口的通信速率通常为 9600 b/s。

图 4.9 RS232 DB9 接口图

表 4.4 RS232 DB9 引脚功能描述

引脚序号	缩写	功能描述
1	CD	载波数据
2	RXD	接收数据
3	TXD	发送数据
4	DTR	数据终端准备好
5	GND	信号地
6	DSR	通信设备准备好
7	RTS	请求发送
8	CTS	允许发送
9	RI	响铃指示器

RS232C 接口具有以下特点：

(1) 采用负逻辑，即逻辑"1"为 -15～-3 V，逻辑"0"为+3～+15 V。

(2) 采用全双工方式。

RS232C 接口具有以下缺点：

(1) 接口的信号电平值较高，易损坏与之相连接的接口电路芯片，又因为与 TTL 电平不兼容，所以需使用电平转换电路方能与 TTL 电路连接。

(2) 传输速率较低，在异步传输时，最高波特率为 20 Baud。现在由于采用新的 UART 芯片 16C550 等，因此波特率达到 115.2 Baud。

(3) 接口使用一根信号线和一根信号返回线，从而构成共地的传输形式，这种共地传输容易产生共模干扰，所以抗噪声干扰性能弱。

(4) 传输距离有限，最大传输距离为 50 m，实际上只有 15 m 左右。

(5) RS232C 接口只允许一对一通信。

TTL 电平转 RS232C 接口电平通常采用 SP3232 系列芯片来实现，如图 4.10 所示。

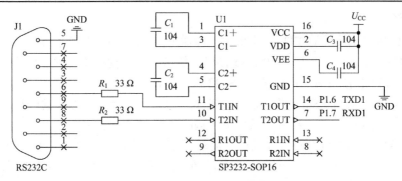

图 4.10　SP3232 连线图

2. RS485

在要求通信距离为几十米到上千米时，广泛采用 RS485 接口。RS485 接口采用平衡驱动器和差分接收器的组合，因此具有抑制共模干扰的能力，加上总线收发器具有高灵敏度，能检测低至 200 mV 的电压，故传输信号能在千米以外得到恢复。

RS485 接口采用半双工工作方式，任何时候只能有一点处于发送状态，因此，发送电路必须由使能信号加以控制。

RS485 接口用于多点互连时非常方便，可以省掉许多信号线。应用 RS485 接口可以联网构成分布式系统，其允许最多并联 32 台驱动器和 32 台接收器。与 RS232C 接口相比，RS485 接口具有以下特点：

(1) RS485 接口的电气特性：逻辑"1"以两线间的电压差+2～+6 V 表示，逻辑"0"以两线间的电压差-6～-2 V 表示；接口电平比 RS232C 接口电平低，不容易损坏接口电路芯片，且该电平与 TTL 电平兼容，可方便地与 TTL 电路连接。

(2) 数据最高传输速率为 10 Mb/s。

(3) RS485 接口采用平衡驱动器和差分接收器的组合，抗共模干扰能力强，抗噪声性能好。

(4) RS485 接口的最大传输距离的标准值为 4000 英尺(注：1 英尺 = 0.3048 米)，实际上可达 3000 米。

(5) RS232C 接口在总线上只允许连接一个收发器，即具有单站能力；而 RS485 接口允许连接多达 128 个收发器，即具有多站能力，这样用户可以利用单一的 RS485 接口方便地建立设备网络。

可以利用 MAX3082 芯片方便地实现 TTL 电平和 RS485 接口电平的转换，如图 4.11 所示。

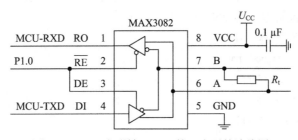

图 4.11　TTL 电平转 RS485 接口电平的连线图

3．RS422

RS232C 接口比传统的 TTL 电路增大了传输距离，通常可以达到 15 m，但是要传得更远，RS232C 接口就无能为力了。RS485 接口虽然增大了传输距离，但是它只能实现半双工通信，于是 RS422 接口应运而生了。RS422 接口的特点如下：

(1) RS422 接口和 RS485 接口的原理基本相同，都是以差动方式发送和接收，不需要数字地线。差动工作是速率相同的条件下传输距离远的根本原因。

(2) RS422 接口通过两对双绞线可以全双工方式工作，收发互不影响，而 RS485 接口只能以半双工方式工作，收发不能同时进行，但它只需要一对双绞线。RS422 接口和 RS485 接口在 19 kb/s 下能传输 1200 m，两者均可连接多台设备。

(3) RS422 接口的电气性能与 RS485 接口的完全一样。其主要区别在于：RS422 接口有 4 根信号线，其中 2 根发送线(Y、Z)，2 根接收线(A、B)，由于 RS422 接口的收与发是分开的，因此可以同时收和发(全双工)；RS485 接口有 2 根信号线，即 1 根发送线和 1 根接收线。

RS232C 接口、RS485 接口、RS422 接口三者的区别如下：

(1) RS232C 接口是全双工的，RS485 接口是半双工的，RS422 接口是全双工的。

(2) RS485 接口与 RS232C 接口仅仅是通信的物理协议(即接口标准)有区别，RS485 接口是差分传输方式，RS232C 接口是单端传输方式，但通信程序没有太大差别。若 PC 上已经配备 RS232C 接口，则直接使用即可。若使用 RS485 接口通信，则只要在 RS232C 接口上配接一个 RS232C 接口转 RS485 接口的转换头即可。RS232C 接口转 RS422 接口或 RS485 接口的模块如图 4.12 所示。

图 4.12　RS232C 接口转 RS422 接口或 RS485 接口的模块

【例 4.4】在上位机上用串口调试助手发送一个字符 X，单片机收到字符后返回给上位机"I get X"，串口波特率设为 9600 Baud。

```
#include <STC15Fxxxx.H>
#define uchar unsigned char
#define uint unsigned int
unsigned char flag,a,i;
uchar code table[]="I get X";
void init()
```

```
    {
        TMOD=0x20;                      //设置定时器 1 工作模式
        TH1=0xfd;                       //设置串口波特率
        TL1=0xfd;
        TR1=1;                          //启动定时器 1
        REN=1;                          //允许接收
        SM0=0;                          //设置串口工作模式
        SM1=1;
        ES=1;                           //允许串口中断
        EA=1;                           //允许 CPU 中断
    }
    void main()
    {
        init();                         //初始化
        while(1)
        {
            if(flag==1)
            {
            ES=0;
            for(i=0;i<8;i++)            //有两个空格
            {
                SBUF=table[i];
                while(!TI);
                TI=0;
            }
            SBUF=a;
            while(!TI);
            TI=0;
            ES=1;
            flag=0;
            }
        }
    }
void seri() interrupt 4
{
    RI=0;
    a=SBUF;
    flag=1;
}
```

4.5　模/数转换器(ADC)TLC1549 模块

模/数转换模块是最常见的电路应用模块之一。在电路的小型化趋势下，并行 ADC 芯片由于引脚多，芯片面积大，因而使用范围日趋狭窄；串行 ADC 芯片由于引脚少，芯片面积小，因而使用范围越来越广泛。下面介绍一款常见的 10 位串行 ADC 芯片 TLC1549 的原理及使用方法。

1. 原理概述

TLC1549 的引脚图如图 4.13 所示，它是一个 10 位逐次逼近型模/数(A/D)转换器。该芯片有 3 个模拟输入端(ANALOG IN、REF+、REF−)、1 个三态输出口($\overline{\text{CS}}$)、1 个 I/O CLOCK 端口和 1 个数字输出端(DATA OUT)，可以实现一个三总线接口到总控制器的串行口的数据传输，内部具有自动采样-保持、按比例量程校准转换范围、抗噪声干扰等功能，而且开关电容的设计使得在满刻度时总误差最大仅为 ±1 LSB（4.8 mV），因此可广泛应用于模拟量和数字量的转换电路。

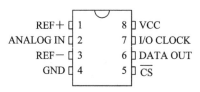

图 4.13　TLC1549 的引脚图

TLC1549 的时序图如图 4.14 所示。当 $\overline{\text{CS}}$ 为高电平时，I/O CLOCK 为初始禁止状态，DATA OUT 为高阻抗状态。当串口将 $\overline{\text{CS}}$ 拉低后，随着 I/O CLOCK 和 DATA OUT 的使能，开始转换数据。然后串口开始提供一个顺序时钟，同时接收 DATA OUT 上次的转换结果。通过串口设置 I/O CLOCK 口为 10～16 个时钟周期，在第一次出现的 10 个时钟周期内完成模拟信号的取样。

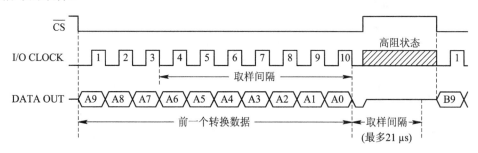

图 4.14　TLC1549 的时序图(选择 10 个时钟周期，并使用 $\overline{\text{CS}}$ 功能)

TLC1549 有 6 个基本的串口工作模式。这些模式取决于时钟的速度和对 $\overline{\text{CS}}$ 的操作，具体见 TLC1549 的工作参数表。下面介绍最常见的工作模式。

在快速模式下，在数据采样及转换期间，$\overline{\text{CS}}$ 为高电平，转换时间为 10 个时钟周期。在此模式下，每次连续转换都需要 10 个时钟周期，$\overline{\text{CS}}$ 变为高电平。当 $\overline{\text{CS}}$ 下降沿开始时，DATA OUT 脱离高阻态；当 $\overline{\text{CS}}$ 上升沿结束时，在指定时间内 DATA OUT 回到高阻态。同时，$\overline{\text{CS}}$ 上升沿禁止 I/O CLOCK 引脚需要一个启动时间加上两个内部系统时钟周期。

在第 3 个时钟下降沿后开始模拟输入采样，采样持续 7 个时钟周期。采样的值在第 10 个时钟下降沿被保持。

$\overline{\text{CS}}$ 的边缘跳变可以开始所有的模式操作，也能中止任何模式的转换。在指定时间内 $\overline{\text{CS}}$ 从高到低跳变，器件回到初始状态(输出寄存器仍然保留上次转换的结果)。要注意，在转换快结束的时候将 $\overline{\text{CS}}$ 拉低可能会丢失数据。

TLC1549 有两个参考电压，分别是 REF+、REF−。这两个电压值分别设定模拟输入电压上限和下限。模拟输入电压不能超过电源电压，也不能小于 GND。当输入信号大于或等于 REF+时，数字输出为满量程；当输入信号小于或等于 REF−时，数字输出为 0。

2．应用实例

TLC1549 的典型应用如图 4.15 所示。图中，JP2 是跳帽端子，测试时可直接将 JP2 的两个引脚连接在一起。

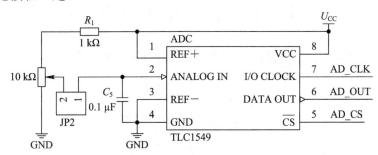

图 4.15　TLC1549 的典型应用

TLC1549 应用子程序：

```
/**********************************

函数：TLC1549_ad_convert()
功能：将模拟信号转换成 10 位数字信号
参数：无
返回：10 位数字转换结果
说明：无
**********************************/
unsigned int ad_read(void)
{
    unsigned char i;
    unsigned int ad_result;
    AD_CS=1;                //禁止 I/O CLOCK
    _nop_();
    AD_CS=0;                //开启控制电路，使能 DATA OUT 和 I/O CLOCK
    ad_result =0;           //清转换变量
    for(i=0;i<10;i++)       //采集 10 次，即 10 bit
    {
```

```
        AD_CLK=0;
        ad_result =<<1;
        _nop_();
        _nop_();
        _nop_();
        if(AD_OUT) ad_result|=0x01;
        else    ad_result&=0xfffe;
    }
    AD_CS=1;
    return(ad_result);
}
```

4.6　数/模转换器(DAC)TLC5615 模块

TLC5615 是 10 位串行数/模转换模块，其引脚图如图 4.16 所示。

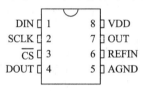

图 4.16　TLC5615 的引脚图

1. 原理概述

TLC5615 内部有一个 10 位 DAC 电路、一个 16 位移位寄存器(接收串行移入的二进制数)和一个级联的数据输出端 DOUT。并行输入/输出的 10 位 DAC 寄存器为 10 位 DAC 电路提供待转换的二进制数据，电压跟随器为参考电压端 REFIN 提供很高的输入阻抗，大约为 10 MΩ，该数/模转换器提供的输出电压的最大值为参考电压端 REFIN 电压的 2 倍。

下面介绍 TLC5615 的两种工作方式。

16 位移位寄存器分为高 4 位虚拟位、低 2 位填充位以及 10 位有效位。第一种方式为 12 位数据列方式，在单片 TLC5615 工作时，只需要向 16 位移位寄存器按先后顺序输入 10 位有效位和低 2 位填充位，2 位填充位数据任意。第二种方式为级联方式，即 16 位数据列方式，可以将本片的 DOUT 接到下一片的 DIN，需要向 16 位移位寄存器按先后顺序输入高 4 位虚拟位、10 位有效位和低 2 位填充位。由于增加了高 4 位虚拟位，因此需要 16 个时钟脉冲。

TLC5615 的工作时序图如图 4.17 所示。可以看出，只有当片选 $\overline{\text{CS}}$ 为低电平时，串行输入数据才能被移入 16 位移位寄存器。当 $\overline{\text{CS}}$ 为低电平时，在每一个 SCLK 时钟的上升沿将 DIN 的 1 位数据移入 16 位移位寄存器(注意，二进制最高有效位先移入)。接着，$\overline{\text{CS}}$ 的上升沿将 16 位移位寄存器的 10 位有效数据锁存于 10 位 DAC 寄存器，供 DAC 电路进行转换；当片选 $\overline{\text{CS}}$ 为高电平时，串行输入数据不能被移入 16 位移位寄存器。注意，$\overline{\text{CS}}$ 的上升和下降都必须发生在 SCLK 为低电平期间。

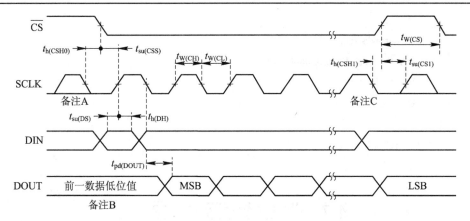

图 4.17　TLC5615 的工作时序图

2．应用程序

TLC5615 与单片机的连接图如图 4.18 所示。图中，JP1 是跳帽端子，测试时可直接将端子连接在一起，用 LED1 的亮度来标识输出电压的大小。

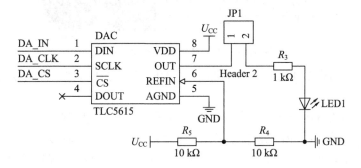

图 4.18　TLC5615 与单片机的连接图

驱动程序如下：

```
/************************************

函数：TLC5615_DA_Convert()
功能：将十位数据转换成模拟信号
参数：需要转换的数字量 da_data
返回：无
说明：工作方式为 12 位数据列方式
************************************/
void TLC5615_DA_Convert(unsigned int da_data)
{
    unsigned int i;
    da_data<<=2;//将数据左移 2 位，补 2 位扩展位，组成 12 位数据写入
    DA_CLK=0;
    DA_CS=0;
    for(i=0;i<12;i++)
```

```
    {
        da_data=da_data<<1;
        DA_IN= (da_data&0x0800)?1:0;
        DA_CLK=1;
        DA_CLK=0;
    }
    DA_CS=1;
}
```

4.7　温度传感器 DS18B20

温度传感器是最常见的传感元器件之一。下面介绍一款单线式、数字式温度传感芯片 DS18B20，其引脚及顶部视图如图 4.19 所示。

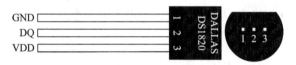

图 4.19　DS18B20 的引脚及顶部视图

DS18B20 是美国 DALLAS 公司推出的"一线总线"接口的直接数字式温度传感器，其功能特点如下：

(1) 供电电压为 3.0～5.5 V，在寄生电源方式下可由数据线供电。

(2) 仅需要一条口线即可实现微处理器与 DS18B20 的双向通信。

(3) 既可以工作于单点模式，即一个 DS18B20 通过单总线连接到微处理器上，也可以多个 DS18B20 多点并联在数据总线上，实现组网多点测温。每一个 DS18B20 芯片都有唯一的 64 位地址。

(4) 测量温度范围为 –55～+125℃，在 –10～+85℃ 范围内精度为 ±0.5℃。

(5) 可编程分辨率为 9～12 位，对应地可分辨温度为 0.5℃、0.25℃、0.125℃、0.0625℃。上电默认为 12 位精度。

(6) 在分辨率为 9 位时，转换时间最长为 93.75 ms；在分辨率为 12 位时，转换时间最长为 750 ms。

(7) 测量结果直接输出数字温度信号，以"一线总线"串行方式传送给 CPU，同时可传送 CRC 校验码，具有强的抗干扰能力。

DS18B20 引脚定义如表 4.5 所示。本节只描述单点测温功能，如需了解 DS18B20 的多点测量功能，请参见 DS18B20 官方参考手册。

表 4.5　DS18B20 引脚定义

引脚序号	引脚符号	功 能 描 述
1	GND	地
2	DQ	数据输入/输出脚。对于单线操作，漏极开路
3	VDD	可选的 VDD 引脚

单片机和 DS18B20 的接线图如图 4.20 所示。通过单总线端口访问 DS18B20 的步骤如下:

(1) 初始化。

(2) 执行 ROM 操作指令。

(3) 执行 DS18B20 功能指令。

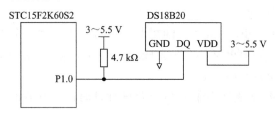

图 4.20 单片机与 DS18B20 的接线图

本节只描述对一个 DS18B20 的操作,不需要读取 ROM 编码以及匹配 ROM 编码,可跳过 ROM 操作指令,即跳过步骤(2),按如下步骤进行温度转换和读取工作。

(1) 温度转换启动命令(44H):启动 DS18B20 进行温度转换,结果存入 9 字节 RAM 中。

(2) 读暂存器命令(BEH):读内部 RAM 中的最低 2 字节温度数据。

DS18B20 在出厂时默认配置为 12 位,其中最高位为符号位,即温度值共 11 位,如表 4.6 所示。单片机在读取数据时,一次读 2 字节,共 16 位数据,读完后将低 11 位的二进制数据转换成十进制数据后再乘以 0.0625 便为所测实际温度值。另外,还需判断温度的正负,前 5 位为 1 时,读取的温度值是负的,此时将读取的 11 位值取反加 1 再乘以 0.0625 即为所测实际温度值。前 5 位为 0 时,只要将测得的数据乘以 0.0625 即可得到所测实际温度值。

表 4.6 温度数据存储格式

位 7	位 6	位 5	位 4	位 3	位 2	位 1	位 0
2^3	2^2	2^1	2^0	2^{-1}	2^{-2}	2^{-3}	2^{-4}
位 15	位 14	位 13	位 12	位 11	位 10	位 9	位 8
S	S	S	S	S	2^6	2^5	2^4

DS18B20 的工作时序由初始化时序、写数据时序及读数据时序组成,下面分别进行介绍。

(1) 初始化时序。

DS18B20 的初始化时序如图 4.21 所示。

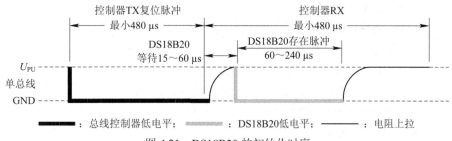

图 4.21 DS18B20 的初始化时序

其工作流程如下：

① 将数据线置高电平 1。

② 延时(要求不是很严格，尽量短一些)。

③ 将数据线拉为低电平 0。

④ 延时 750 μs(时间范围为 480～960 μs)。

⑤ 将数据线置高电平 1。

⑥ 延时等待。如果初始化成功，则在 15～60 ms 内产生一个由 DS18B20 返回的低电平 0，因此根据该状态可判断初始化是否成功。但应注意，不能无限制等待，否则程序会进入死循环，所以要进行超时判断。

⑦ 若 CPU 读到数据线低电平 0 后还要进行延时，则其延时从第⑤步开始算起至少要 480 μs。

⑧ 将数据线再次拉到高电平 1 后结束。

下面介绍延时函数、复位 DS18B20 函数。

　　*延时函数。由于 DS18B20 延时均以 15 μs 为单位，因此编写了延时单位为 15 μs 的延时函数。

　　注意：以下延时函数晶振为 12 MHz。*/

　　/**********************************

　　函数：Delayxus_DS18B20

　　功能：DS18B20 延时函数

　　参数：t 为定时时间长度

　　返回：无

　　说明：延时公式为 15n+15(近似)，晶振为 12 MHz

　　**********************************/

```
void Delayxus_DS18B20(unsigned int t)
{
    for(t;t>0;t--)
    {
        _nop_();_nop_();_nop_();_nop_();
    }
    _nop_(); _nop_();
}
```

　　/**********************************

　　函数：RST_DS18B20

　　功能：复位 DS18B20，读取存在脉冲并返回

　　参数：无

　　返回：1 表示复位成功；0 表示复位失败

　　说明：拉低总线至少 480 μs，可用于检测 DS18B20 是否正常工作

　　**********************************/

```
bit RST_DS18B20()
{
```

```
        bit ret="1";
        DQ=0;                        //拉低总线
        Delayxus_DS18B20(32);        //为保险起见，延时 495 μs
        DQ=1;                        //释放总线，DS18B20 检测到上升沿后会发送存在脉冲
        Delayxus_DS18B20(4);         //需要等待 15~60 μs，这里延时 75 μs 后可以保证接收
                                     //到的是存在脉冲
        ret=DQ;
        Delayxus_DS18B20(14); //延时 495 μs，让 DS18B20 释放总线，避免影响到下一步操作
        DQ=1;                        //释放总线
        return(~ret);
    }
```

(2) 写数据时序(见图 4.22)。

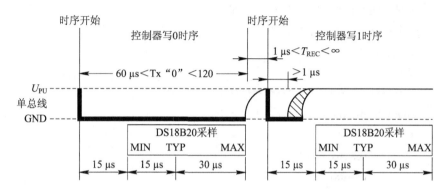

图 4.22 写数据时序图(左边写 0，右边写 1)

写数据的步骤如下：

① 将数据线置低电平 0。

② 延时 15 μs。

③ 按从低位到高位的顺序发送数据(每次只发送一位)。

④ 延时 45 μs。

⑤ 将数据线拉高。

⑥ 重复上述 5 个步骤，直到发完整个字节。

⑦ 将数据线拉高。

写函数如下：

```
/* ********************************
函数：WR_Bit
功能：向 DS18B20 写一位数据
参数：i 为待写的位
返回：无
说明：总线从高拉到低产生写时段
*********************************/
```

```
    void WR_Bit(bit i)
    {
        DQ=0;                    //产生写时段
        _nop_();
        _nop_();                 //总线拉低持续时间要大于 1 μs
        DQ=i;                    //写数据，0 和 1 均可
        Delayxus_DS18B20(3);     //延时 60 μs，等待 DS18B20 采样读取
        DQ=1;                    //释放总线
    }


    /*********************************

    函数：WR_Byte
    功能：DS18B20 写字节函数，先写最低位
    参数：dat 为待写的字节数据
    返回：无
    说明：无
    *******************************************/
    void WR_Byte(unsigned char dat)
    {
        unsigned char i="0";
        while(i++<8)
        {
            WR_Bit(dat&0x01);        //从最低位写起
            dat>>=1;                 //注意不要写成 dat>>1
        }
    }
```

(3) 读数据时序。

读数据时序图如图 4.23 所示。其步骤如下：

① 将数据线拉高到 1。

② 延时 2 μs。

③ 将数据线拉低到 0。

④ 延时 6 μs。

⑤ 将数据线拉高到 1。

⑥ 延时 4 μs

⑦ 读数据线的状态到一个状态位，并进行数据处理。

⑧ 延时 30 μs

⑨ 重复以上步骤，直到读取 2 个字节。

图 4.24 所示为详细的控制器读 1 时序图。图 4.25 所示为建议的控制器读 1 时序图。

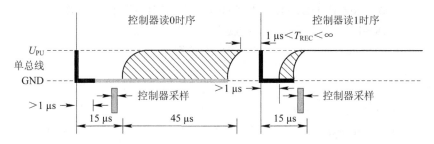

图 4.23　读数据时序图(左边读 0，右边读 1)

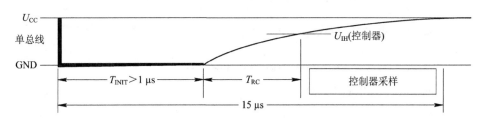

图 4.24　详细的控制器读 1 时序图

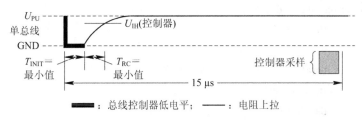

图 4.25　建议的控制器读 1 时序图

```
/*********************************

函数：Read_Bit
功能：向 DS18B20 读一位数据
参数：无
返回：bit ret
说明：总线从高拉到低，持续至 2 μs，再释放总线，为高电平空闲状态产生读时序
*********************************/
unsigned char Read_Bit()
{
    unsigned char ret;
    DQ=0;          //拉低总线
    _nop_(); _nop_();
    DQ=1;          //释放总线
    _nop_(); _nop_();
    _nop_(); _nop_();
    ret=DQ;                      //产生读时序 7 μs 后读取总线数据。把总线的读取动作放在
                                 //15 μs 时间限制的后面是为了保证数据读取的有效性
```

```
        Delayxus_DS18B20(3);   //延时 60 μs，满足读时序的时间长度要求
        DQ=1;                  //释放总线
        return ret;            //返回读取到的数据
    }


/********************************
函数：Read_Byte
功能：DS18B20 读一个字节函数，先读最低位
参数：无
返回：读取的一字节数据
说明：无
*********************************************/
unsigned char Read_Byte()
{
    unsigned char i;
    unsigned char dat="0";
    for(i=0;i<8;i++)
    {
        dat>>=1;           //先读最低位
        if(Read_Bit())
        dat|=0x80;
    }
    return(dat);
}
/* ********************************
函数：Start_DS18B20
功能：启动温度转换
参数：无
返回：无
说明：复位后写 44H 命令
*************************************/
void Start_DS18B20()
{   DQ=1;
    RST_DS18B20();
    WR_Byte(0xcc);         //执行该命令可以寻址总线上的所有设备，实验转换启动
    WR_Byte(0x44);         //启动温度转换
}
 /********************************
函数：Read_Tem
功能：读取温度
```

参数：无

返回：int 型温度数据，分为高 8 位温度数据和低 8 位温度数据

说明：复位后写 BE 命令

***/

```
Int Read_Tem()
{
    int tem="0";
    RST_DS18B20();
    WR_Byte(0xcc);                    //执行该命令可以寻址总线上的所有设备，实现转换启动
    WR_Byte(0xbe);                    //发出读取命令
    tem=Read_Byte();                  //读出温度低 8 位
    tem|=(((int)Read_Byte())<<8);     //读出温度高 8 位
    return tem;                       //返回温度值
}
```

注：DS18B20 读写数据都是从最低位开始的。

4.8　H 桥 驱 动

电机是常见的控制对象，下面将介绍应用广泛的电机驱动电路。

1. H 桥驱动电路

图 4.26 所示为一个典型的直流电机控制电路。该电路因形状酷似字母 "H" 而得名 "H 桥驱动电路"，电路中的 4 个 MOS 管组成 "H" 的 4 条垂直腿，而电机就是 "H" 中的横杠 (注意：图 4.26～图 4.28 都只是示意图，而不是完整的电路图，其中 MOS 管的驱动电路没有画出来)。

如图 4.26 所示，H 桥驱动电路包括 4 个 MOS 管和 1 个电机。要使电机运转，必须导通对角线上的一对 MOS 管。根据不同 MOS 管对的导通情况，电流可能会从左至右或从右至左流过电机，从而控制电机的转向。

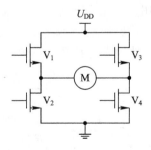

图 4.26　H 桥驱动电路

例如，如图 4.27 所示，当 V_1 管和 V_4 管导通时，电流就从电源正极经 V_1 从左至右穿过电机，然后经 V_4 回到电源负极，该流向的电流将驱动电机顺时针转动。

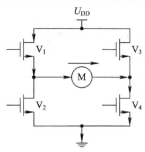

图 4.27　H 桥电路驱动电机顺时针转动

图 4.28 所示为另一对 MOS 管 V_2 和 V_3 导通的情况，电流将从右至左流过电机，从而驱动电机逆时针转动。

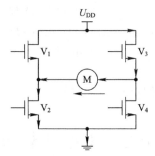

图 4.28　H 桥驱动电机逆时针转动

2. H 桥死区控制

驱动电机时，保证 H 桥上两个同侧的 MOS 管不会同时导通非常重要。如果 MOS 管 V_1 和 V_2 同时导通，那么电流就会从正极穿过两个 MOS 管直接回到负极。此时，电路中除 MOS 管外没有其他任何负载，因此电路上的电流就可能达到最大值(该电流仅受电源性能限制)，直接烧坏 MOS 管，所以需要在上下管的导通间隔插入死区时间，即当上管关断时，要"过一会儿"才给下管发导通信号，这"过一会儿"即为死区时间。在实际应用电路中，MOS 管通常需要驱动电路，死区时间通常由驱动电路或者 PWM 控制器产生。死区时间的取值通常要大于 MOS 管的关断时间，从而确保 H 桥上的两个同侧的 MOS 管不会直通。

在小功率应用场合，市面上有很多封装好的 H 桥集成电路，接上电源、电机和控制信号就可以使用，在额定的电压和电流内使用非常方便可靠，比如常用的 L293D、L298N、TA7257P、SN754410 等。但是，当电路所需功率较大时，还是需要分立元件构成 H 桥电路。图 4.29 和图 4.30 所示是由分立元件构成的 H 桥驱动电路。

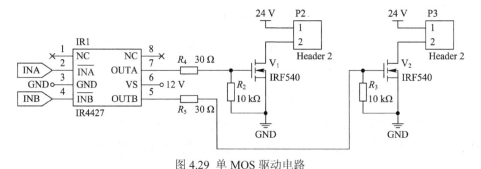

图 4.29　单 MOS 驱动电路

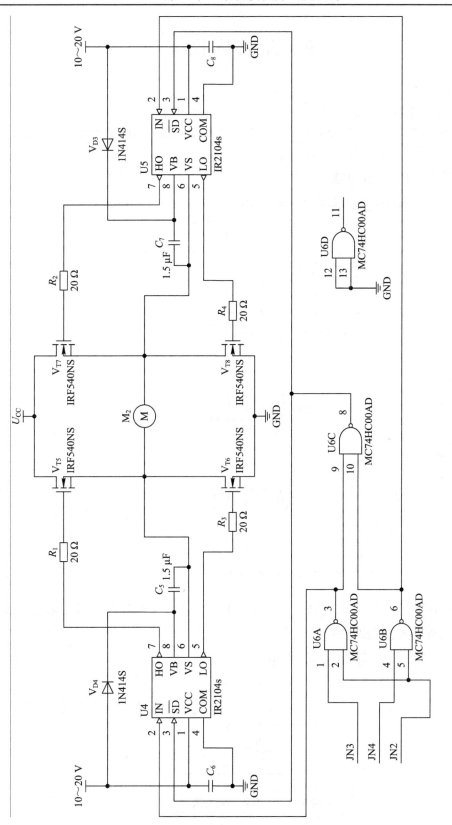

图 4.30　IR2014 全桥驱动电路

4.9　信号调理模块

常见的信号放大电路参考 1.7 节内容。

滤波器是一种能让有用频率信号通过而同时抑制或衰减无用频率信号的电子装置。滤波器有不同的分类，最常见的是按频率特性分为低通滤波器、高通滤波器、带通滤波器和带阻滤波器。下面对它们的电路结构及特性做简要介绍。

1. 一阶有源低通滤波电路

最常见的一阶低通滤波电路如图 4.31 所示。

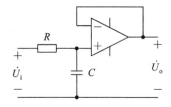

图 4.31　一阶有源低通滤波电路

其传递函数为

$$A_u(\mathrm{j}\omega) = \frac{\dot{U}_o}{\dot{U}_i} = \frac{1}{1+\mathrm{j}\omega RC} \tag{4.1}$$

幅值：

$$|\dot{A}_u| = \frac{1}{\sqrt{1+(\omega RC)^2}} \tag{4.2}$$

相角：

$$\varphi = -\arctan \omega RC \tag{4.3}$$

从式(4.2)可看出，当频率升高时，幅值放大倍数变小，且小于 1，故是低通滤波器。

2. 一阶有源高通滤波电路

一阶有源高通滤波电路如图 4.32 所示。

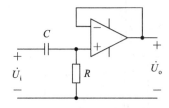

图 4.32　一阶有源高通滤波电路

其传递函数为

$$A_u(\mathrm{j}\omega) = \frac{\dot{U}_o}{\dot{U}_i} = \frac{1}{1+\dfrac{1}{\mathrm{j}\omega RC}} \tag{4.4}$$

幅频响应函数：

$$|\dot{A}_u| = \frac{1}{\sqrt{1+\left(\dfrac{1}{\omega RC}\right)^2}} \tag{4.5}$$

相频响应函数：

$$\varphi = \arctan\frac{1}{\omega RC} \tag{4.6}$$

从式(4.5)可看出，当频率升高时，幅值放大倍数趋近于 1，故是高通滤波器。

3. 二阶有源带通滤波电路

带通滤波器是通过频带($\omega_1 < \omega < \omega_2$)中所有频率的滤波器。常见的二阶有源带通滤波电路如图 4.33 所示。

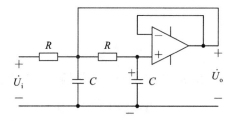

图 4.33 二阶有源带通滤波电路

其传递函数为

$$A_u(\mathrm{j}\omega) = \frac{\dot{U}_o}{\dot{U}_i} = \frac{\mathrm{j}\omega RC}{1+2\mathrm{j}\omega RC+(\mathrm{j}\omega RC)^2} \tag{4.7}$$

令

$$f_0 = \frac{1}{2\pi RC} \tag{4.8}$$

有

$$\dot{A}_u = \frac{1}{2+\mathrm{j}\left(\dfrac{f}{f_0}-\dfrac{f_0}{f}\right)} \tag{4.9}$$

当 $f=f_0$ 时，A_u 幅值最大，f_0 为系统的中心频率。其上、下截止频率分别为

$$\begin{cases} f_{p1} = (\sqrt{2}-1)f_0 \\ f_{p2} = (\sqrt{2}+1)f_0 \end{cases} \tag{4.10}$$

4. 双 T 有源带阻滤波电路

双 T 有源带阻滤波电路如图 4.34 所示。

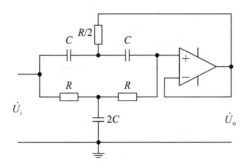

图 4.34　双 T 有源带阻滤波电路

其传递函数为

$$A_u(j\omega)=\frac{\dot{U}_o}{\dot{U}_i}=\frac{1+\left(\dfrac{j\omega}{\omega_0}\right)^2}{1+2\dfrac{j\omega}{\omega_0}+\left(\dfrac{j\omega}{\omega_0}\right)^2} \tag{4.11}$$

其中：

$$\omega_0=\frac{1}{RC}$$

当 $\omega=\omega_0$ 时，A_u 幅值最大，ω_0 为系统的中心角频率。其上、下截止角频率分别为

$$\begin{cases}\omega_{p1}=(\sqrt{2}-1)\omega_0\\ \omega_{p2}=(\sqrt{2}+1)\omega_0\end{cases} \tag{4.12}$$

4.10　红外发射及接收模块

　　常见的红外遥控系统分为发射和接收两部分。红外对管的外形与普通圆形发光二极管类似。发射部分的发射元件为红外发光二极管，它发出的是红外线，而不是可见光。红外线的光谱位于红色光之外，波长是 0.76~1.5 μm，比红光的波长还长。常用的红外发光二极管发出的红外线波长为 940 nm 左右，外形与普通 ϕ5 mm 发光二极管的相同，只是颜色不同。

　　红外遥控系统以调制的方式发射数据，就是把数据和一定频率的载波进行与操作，这样既可以提高发射效率，又可以降低电源功耗。

　　调制载波频率一般为 30~60 kHz。大多数情况下使用的是调制载波频率为 38 kHz、占空比为 1/3 的矩形波，这是由发射端所使用的 455 kHz 晶振决定的。在发射端要对晶振进行整数分频，分频系数一般取 12，所以调制载波频率为 38 kHz(455 kHz÷12≈37.9 kHz ≈38 kHz)。

图 4.35 所示是一个简单的红外发射电路原理图，V_{D1} 为红外发射管。

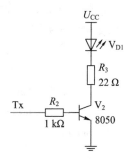

接收电路中的红外接收管是一种光敏二极管，使用时要给红外接收二极管加反向偏压，它才能正常工作，从而获得高的灵敏度。红外接收二极管一般有圆形和方形两种。由于红外发光二极管的发射功率较小，红外接收二极管收到的信号较弱，因此接收端要增加高增益放大电路。

现在大都采用成品的一体化接收头。红外一体化接收头包含红外接收、放大、滤波和比较器输出等模块，性能稳定、可靠。

图 4.35　红外发射电路原理图

4.11　存　储　模　块

在实际工作系统中，经常要求实时修改并掉电保存一些数据。例如电子秤要校准参数，就需要能掉电保存数据的芯片。美国 ATMEL 公司生产的 AT24C 系列 EEPROM 即可实现掉电保存数据功能。该系列主要有 AT24C01、AT24C02、AT24C04、AT24C08、AT24C16 等，对应的容量分别为 128×8、256×8、512×8、1024×8、2048×8 字节。该系列器件支持 2 线串行接口 I^2C，与单片机连接方式简单。下面以 AT24C02 为例介绍 EEPROM 的使用方法。图 4.36 是 AT24C02 与单片机的连接图。

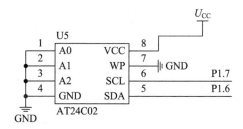

图 4.36　AT24C02 与单片机的连接图

AT24C02 的引脚说明如表 4.7 所示。

表 4.7　AT24C02 的引脚说明

引脚名称	功能说明
A0, A1, A2	器件地址选择
SDA	串行数据/地址
SCL	串行时钟
WP	写保护
VCC	1.8～6 V
GND	电源地

AT24C02 共有 256×8 位存储空间，分为 32 页，每页 8 个字节。对存储空间的写操作可分为按字节地址写入和按页地址写入(也就是每次写入 8 个字节)，读操作可分为按指定

地址字节读和指定地址连续多字节读等两种方式，详细资料可参考官网文档。

下面举例说明读、写操作的运用。要求：将 50 写入 20H 这个地址，并从该地址 20H 读一个字节赋给变量 read_eeprom。

```
*********************************************************/
#include "stc15.h"
#define uchar unsigned char
void init_i2c();

void start_i2c();
void stop_i2c();
void write_byte(uchar bdata)
uchar read_byte();
void    delay()
{;;}
void main(void)
{
    init_i2c();
    start_i2c();
    write_byte(0xa0);          //写命令
    response();
    write_byte(0x20);          //写入地址
    response();
    write_byte(50);            //写入值
    response();
    stop_i2c();                //写结束

    start_i2c();               //读开始
    write_byte(0xa1);          //写读命令
    response();
    write_byte(0x20);          //写入读地址
    response();
    read_eeprom=read_byte();   //读出值
    response();
    stop_i2c();                //读结束
}
/********************************************************
I2C 总线初始化函数
函数原型：void init_i2c();
*********************************************************/
```

```
void init_i2c();
{
    SDA=1;
    delay();
    SCL=1;
    delay();
}
/****************************************************************
启动总线函数
函数原型：void start_i2c();
****************************************************************/
void start_i2c()
{
    SDA=1;          //发送初始条件的数据信号
    delay ();
    SCL=1;
    delay ();
    SDA=0;          //发送初始信号
    delay();
}
/****************************************************************
停止总线函数
函数原型：void stop_i2c();
****************************************************************/
void stop_i2c()
{
    SDA=0;          //发送结束条件的数据信号
    delay();
    SCL=1;
    delay();
    SDA=1;
    delay();
}
/****************************************************************
应答函数
函数原型：void response();
****************************************************************/
void response()
{
```

```
    uchar i=0;
    SCL=1;
    delay();
    while((SDA==1)&&(i<255))        //设备得到应答或者超时，则默认从器件已经收到数据
    i++;
    SCL=0;
    delay();
}
```

```
/***********************************************************
写一个字节函数
函数原型：void write_byte(uchar bdata);
***********************************************************/
void write_byte(uchar bdata)
{
    uchar i,temp;
    temp=bdata;
    for(i=0;i<8;i++)
    {
        temp=temp<<1;
        SCL=0;
        delay();
        SDA=CY;
        delay();
        SCL=1;
        delay();
    }
    SCL=0;
    delay();
    SDA=1;
    delay();
}
/***********************************************************
读一个字节函数
函数原型：uchar read_byte();
***********************************************************/
uchar read_byte()
{
    uchar i,temp;
```

```
SCL=0;
delay();
SDA=1;
for(i=0;i<8;i++)
{
    SCL=1;
    delay();
    temp=(temp<<1)|SDA;
    SCL=0;
    delay();
}
delay();
return    temp;
}
```

4.12　其他工作模块

1. 蜂鸣器

蜂鸣器(见图 4.37)是一种一体化结构的电子讯响器，采用直流电压供电。蜂鸣器可分为有源蜂鸣器和无源蜂鸣器。判断有源蜂鸣器和无源蜂鸣器，可以用万用表电阻挡 $R \times 1$ 挡测试，用黑表笔接蜂鸣器"－"引脚，用红表笔在另一引脚上来回碰触，如果发出"咔咔"声且电阻只有 8 Ω(或 16 Ω)，则是无源蜂鸣器；如果能持续发出声音，且电阻在几百欧以上，则是有源蜂鸣器。

图 4.37　蜂鸣器实物图

有源蜂鸣器与无源蜂鸣器的区别是：有源蜂鸣器内部带振荡源，所以只要一通电就会鸣叫；而无源蜂鸣器内部不带振荡源，因此用直流信号无法使其鸣叫，必须用 2～5 kΩ 的方波去驱动它。

有源蜂鸣器往往比无源蜂鸣器贵，就是因为内部有多个振荡电路。

蜂鸣器驱动原理图如图 4.38 所示。

单片机驱动蜂鸣器时,不需要利用交流信号进行驱动,只需对驱动口输出驱动电平并通过三极管放大驱动电流就能使蜂鸣器发出声音。而对于他激蜂鸣器，有两种方式：一种是 PWM 输出口直接驱动，另一种是利用 I/O 定时翻转电平产生驱动波形对蜂鸣器进行驱动。

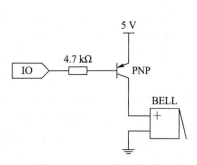

图 4.38　蜂鸣器驱动原理图

2．基准电压源

TL431 是一个有良好热稳定性能的三端可调分流基准电压源。它的输出电压用两个电阻就可以任意设置为从 $U_{REF}(2.5\ V)$ 到 36 V 范围内的任何值。

TL431 的电路符号及原理框图如图 4.39 所示。

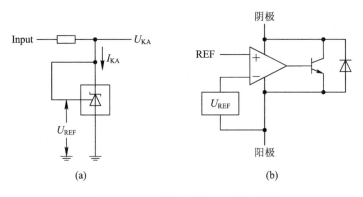

图 4.39　TL431 的电路符号及原理框图

由原理框图可以看到，U_{REF} 是内部 2.5 V 基准电压，接在运放的反相输入端。由运放的特性可知，只有当 REF 端(同相端)的电压非常接近 $U_{REF}(2.5\ V)$ 时，三极管中才会有一个稳定的非饱和电流通过，而且随着 REF 端电压的微小变化，通过三极管的电流将从 1 到 100 mA 变化。

基于 TL431 的稳压源电路如图 4.40 所示。输出为

$$U_{o} = \left(1 + \frac{R_1}{R_2}\right)U_{REF} \tag{4.13}$$

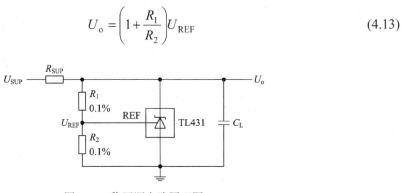

图 4.40　稳压源电路原理图

TL431 内部含有一个 2.5 V 的基准电压，所以当在 REF 端引入输出反馈时，器件可以通过从阴极到阳极很宽范围的分流来控制输出电压。在如图 4.40 所示的电路中，当 R_1 和 R_2 的阻值确定时，两者对 U_o 的分压引入反馈，若 U_o 增大，则反馈量增大，TL431 的分流也就增加，从而导致 U_o 减小。显然，深度的负反馈电路必然在 U_i 等于基准电压处稳定，此时 $U_o = (1 + R_1/R_2)U_{REF}$。选择不同的 R_1 和 R_2 的值，可以得到 2.5～36 V 范围内的任意电压输出。特别地，当 $R_1 = R_2$ 时，$U_o = 5\ V$。

需要注意的是，在选择电阻时必须满足 TL431 工作的必要条件，也就是通过阴极的电流要大于 1 mA。

3. 基准电流源

基准电流源电路如图 4.41 所示。其工作原理如下：当输入电压 U_i 开始升高时，流经三极管的偏置电流增大，从而导致流经 R_S 的电流大幅增大，R_S 的电压降增大。一旦 R_S 的电压降升高，TL431 就会动作，从而使流过它的电流(分流三极管的偏置电流)大幅增加，最终结果是使 R_S 的电压降到 2.5 V。因为三极管的基极偏置电流是很小的，它的微小变化就会带来其发射极电流的大变化，所以基极电流的变化对恒流大小的变化可以忽略不计。因此可以认为 R_S 的输出电流是恒定的。更多的基于 TL431 的恒压恒流电路可参考 TL431 的官方文档资料。负载 R_S 两端的电压是恒定的，始终等于 2.5 V。R_S 恒定，则流经 R_S 的电流是恒定的，忽略基极电流，得出输出电流 I_o 是恒定的，其计算公式为

$$I_o = \frac{U_{REF}}{R_S}$$

式中，U_{REF} 为 2.5 V。

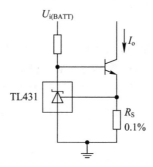

图 4.41 直流电流源电路

第5章　模块组合使用训练

5.1　流水灯设计

1. 任务说明

用单片机控制 8 盏 LED 以两种不同的方式循环交替点亮。

2. 所需模块电路

图 5.1 所示为流水灯硬件原理图。其中，U_{CC} 为 3.3 V；8 个 1 kΩ 的电阻起限流作用，防止因电流过大而烧毁 LED；LED 一端接 3.3 V 电压，另一端接限流电阻后连到单片机的 IO 端。根据电学知识可知，当 IO 端的电压与 U_{CC} 一样为 3.3 V 时，将不会有电流通过 LED；而当 IO 端的电压为 0 V 时，会有电流产生，LED 将被点亮。也就是说，可以通过程序灵活控制各个 LED 的亮灭。

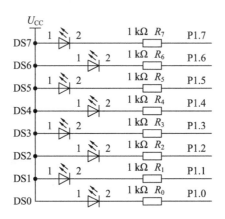

图 5.1　流水灯硬件原理图

3. 程序设计

软件主体程序设计如下：

第一种方式：灯一盏一盏点亮，一盏点亮后前一盏熄灭。

```
#include    "STC15Fxxxx.H"
#define MAIN_Fosc        12000000L
sbit    LED0 = P1^0;
sbit     LED1 = P1^1;
sbit    LED2 = P1^2;
```

```
sbit    LED3 = P1^3;
sbit    LED4 = P1^4;
sbit    LED5 = P1^5;
sbit    LED6 = P1^6;
sbit     LED7 = P1^7;
#define  LED0_ON()    LED0 = 0
#define  LED0_OFF()   LED0 = 1
#define  LED1_ON()    LED1 = 0
#define  LED1_OFF()   LED1 = 1
#define  LED2_ON()    LED2 = 0
#define  LED2_OFF()   LED2 = 1
#define  LED3_ON()    LED3 = 0
#define  LED3_OFF()   LED3 = 1
#define  LED4_ON()    LED4 = 0
#define  LED4_OFF()   LED4 = 1
#define  LED5_ON()    LED5 = 0
#define  LED5_OFF()   LED5 = 1
#define  LED6_ON()    LED6 = 0
#define  LED6_OFF()   LED6 = 1
#define  LED7_ON()    LED7 = 0
#define  LED7_OFF()   LED7 = 1
#define  LED_ALL_OFF() P1 = 0XFF
void delay_ms(unsigned int ms)
{
unsigned int i;
    do{
        i = MAIN_Fosc / 13000;
        while(--i);
    }while(--ms);
}

void main()
{
    while(1)
    {
        LED0_ON();
        LED7_OFF();
        delay_ms(500);
```

```
            LED1_ON();
            LED0_OFF();
            delay_ms(500);
            LED2_ON();
            LED1_OFF();
            delay_ms(500);
            LED3_ON();
            LED2_OFF();
            delay_ms(500);
            LED4_ON();
            LED3_OFF();
            delay_ms(500);
            LED5_ON();
            LED3_OFF();
            delay_ms(500);
            LED6_ON();
            LED5_OFF();
            delay_ms(500);
            LED7_ON();
            LED6_OFF();
            delay_ms(500);
        }
        return 0;
    }
```

第二种方式：灯一盏一盏点亮，全亮后熄灭，再一盏一盏点亮，之后全熄灭，如此循环。

```
    #include    "STC15Fxxxx.H"
    #define MAIN_Fosc        12000000L
    sbit LED0 = P1^0;
    sbit LED1 = P1^1;
    sbit LED2 = P1^2;
    sbit LED3 = P1^3;
    sbit LED4 = P1^4;
    sbit LED5 = P1^5;
    sbit LED6 = P1^6;
    sbit LED7 = P1^7;

    #define   LED0_ON()    LED0 = 0
```

```c
#define   LED0_OFF()   LED0 = 1
#define   LED1_ON()    LED1 = 0
#define   LED1_OFF()   LED1 = 1
#define   LED2_ON()    LED2 = 0
#define   LED2_OFF()   LED2 = 1
#define   LED3_ON()    LED3 = 0
#define   LED3_OFF()   LED3 = 1
#define   LED4_ON()    LED4 = 0
#define   LED4_OFF()   LED4 = 1
#define   LED5_ON()    LED5 = 0
#define   LED5_OFF()   LED5 = 1
#define   LED6_ON()    LED6 = 0
#define   LED6_OFF()   LED6 = 1
#define   LED7_ON()    LED7 = 0
#define   LED7_OFF()   LED7 = 1
#define   LED_All_OFF() P1 = 0XFF


void delay_ms(unsigned int ms)
{
unsigned int i;
 do{
        i = MAIN_Fosc / 13000;
        while(--i);
    }while(--ms);
}


void   main()
{
    while(1)
    {
        LED0_ON();
        delay_ms(500);
        LED1_ON();
        delay_ms(500);
        LED2_ON();
        delay_ms(500);
        LED3_ON();
        delay_ms(500);
```

```
        LED4_ON();
        delay_ms(500);
        LED5_ON();
        delay_ms(500);
        LED6_ON();
        delay_ms(500);
        LED7_ON();
        delay_ms(500);
        LED_All_OFF();
    }
    return 0;
}
```

5.2 电 子 钟

1. 任务说明

设计并制作一个数字式电子钟，其结构框图如图 5.2 所示。

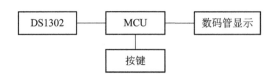

图 5.2 数字式电子钟的结构框图

要实现的具体功能如下：

(1) 能够用 8 位数码管显示年、月、日、星期、时、分、秒。

(2) 可用按键设置时间。

2. 所需模块电路

数码管显示及驱动电路如图 5.3 所示。

数码管在 4.2 节已经做过介绍，用单片机可以控制四位数码管的显示。

DS1302 包括时钟/日历寄存器和 31 字节(8 位)的数据暂存寄存器，数据通信仅通过一条串行输入/输出口进行。实时时钟/日历提供秒、分、时、日期、月份和年份等信息。闰年可自行调整，可选择 12 小时制和 24 小时制。

DS1302 芯片通过 $\overline{RST}$、I/O、SCLK 三根线进行数据的控制和传递，通过备用电源可以使芯片在小于 1 mW 的功率下运行。

DS1302 芯片引脚如图 5.4 所示，芯片引脚的功能说明如表 5.1 所示。

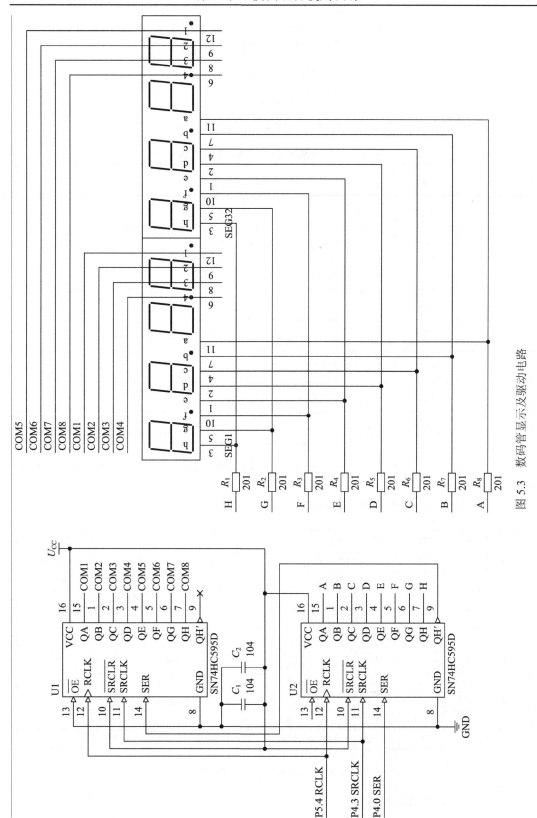

图 5.3 数码管显示及驱动电路

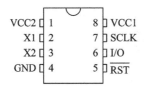

图 5.4　DS1302 芯片引脚图

表 5.1　DS1302 芯片引脚的功能说明

引脚序号	名称	功 能 说 明
1	VCC2	主电源
2	X1	用于接 32.768 kHz 晶振的引脚
3	X2	用于接 32.768 kHz 晶振的引脚
4	GND	地
5	$\overline{\text{RST}}$	复位信号，片选信号。在读、写数据期间，必须为高
6	I/O	数据输入/输出
7	SCLK	串行时钟，用于控制数据的输入与输出
8	VCC1	备份电源

说明：当 $U_{CC2} > U_{CC1} + 0.2$ V 时，由 VCC2 向 DS1302 供电，当 $U_{CC2} < U_{CC1}$ 时，由 VCC1 向 DS1302 供电。

DS1302 的内部寄存器如图 5.5 所示。

READ	WRITE	BIT 7	BIT 6	BIT 5	BIT 4	BIT 3	BIT 2	BIT 1	BIT 0	RANGE
81h	80h	CH	10 Second		Second					00~59
83h	82h	10 Minute			Minute					00~59
85h	84h	12/$\overline{24}$	0	10 $\overline{\text{AM/PM}}$	Hour	Hour				1~12/0~23
87h	86h	0	0	10 Date		Date				1~31
89h	88h	0	0	0	10 Month	Month				1~12
8Bh	8Ah	0	0	0	0	0	Day			1~7
8Dh	8Ch	10 Year				Year				00~99
8Fh	8Eh	WP	0	0	0	0	0	0	0	—
91h	90h	TCS	TCS	TCS	TCS	DS	DS	RS	RS	—

图 5.5　DS1302 的内部寄存器

图 5.6 所示为 DS1302 操作时序。

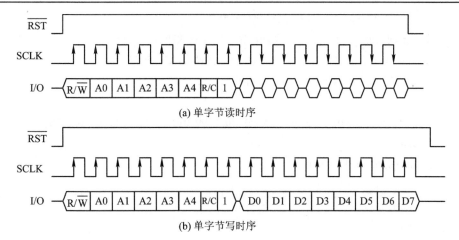

(a) 单字节读时序

(b) 单字节写时序

图 5.6　DS1302 操作时序

3. 程序设计

DS1302 时钟芯片与单片机的连接如图 5.7 所示。

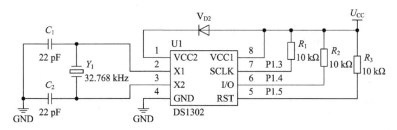

图 5.7　DS1302 时钟芯片与单片机的连接

```
#include "STC15Fxxxx.H"
#define MAIN_Fosc          12000000L
#define uchar unsigned char
/***************************************/
#define IO_in       DS1302_dat = 1
#define IO_high    DS1302_dat = 1
#define IO_low      DS1302_dat = 0
#define CLK_low    DS1302_clk = 0
#define CLK_high DS1302_clk = 1
#define CE_low      DS1302_ce   = 0
#define CE_high    DS1302_ce   = 1

/***********DS1302 芯片接口定义*************/
sbit DS1302_dat = P1^4;
sbit DS1302_clk = P1^3;
sbit DS1302_ce   = P1^5;
```

```
/************595 芯片接口定义*************/
sbit    st_cp_595      =P5^4;           //输出锁存器控制脉冲 st_cp_595
sbit    clk_595        =P4^3;           //串行移位时钟脉冲 clk_595
sbit    ds_595         =P4^0;           //串行数据输入

uchar   ledcode[]={ 0xC0, 0xF9, 0xA4, 0xB0, 0x99, 0x92, 0x82, 0xF8, 0x80, 0x90};   // 0,1, 2, 3, 4
    // 5, 6,7 , 8, 9
void delay(unsigned int ms)
{
        unsigned int i;
        do{
                i = MAIN_Fosc / 13000;
                while(--i);
            }while(--ms);
}


void DS1302_address(int address)
{
        int i;
        for(i=0;i<8;i++)
        {
            CLK_low;
            if(address&0x01)
                IO_high;
            else
                IO_low;
            delay(1);
            CLK_high;
            address>>=1;
            delay(1);
        }
}
//读取寄存器中的 1 字节数据
int DS1302_readbit(void)
{
        int d=0,i;
        IO_in;
        for(i=0;i<8;i++)
        {
```

```
            d>>=1;
            CLK_low;
            if(DS1302_dat)
                    d|=0x80;
            else
                    d&=~0x80;
            delay(1);
            CLK_high;
            delay(1);
        }
        return d;
}
//向寄存器写入 1 字节数据
void DS1302_writebit(int dat)
{
    int i;
    for(i=0;i<8;i++)
    {
        CLK_low;
        if(dat&0x01)
            IO_high;
        else
            IO_low;
        delay(1);
        CLK_high;
        dat>>=1;
        delay(1);
    }
}
//将十进制数变为 BCD 码
int TEN_BCD(int s)
{
    int a,b;
    a=s/10;
    b=s%10;
    a<<=4;
    a|=b;
    return a;
}
```

```
//将 BCD 码变为十进制数
int BCD_TEN(int s)
{
    int a=0;
    a=s&0x0F;
    s>>=4;
    a+=s*10;
    return a;
}
//给指定寄存器地址写数据
void DS1302_WRITE(int address,int data1)
{
    int dat;
    dat=TEN_BCD(data1);
    CE_low;
    CLK_low;
    delay(1);
    CE_high;
    DS1302_address(address);
    DS1302_writebit(dat);
    CLK_low;
    CE_low;
}
//读取指定寄存器里所存的数据
int DS1302_READ(int address)
{
    int d,dat;
    CE_low;
    CLK_low;
    CE_high;
    delay(1);
    DS1302_address(address);
    d=DS1302_readbit();
    CLK_low;
    CE_low;
    dat=BCD_TEN(d);
    return dat;
}
//DS1302 初始化
```

```
void DS1302_int()
{
    DS1302_WRITE(0x8E,0);           //写 0 表示对 DS1302 可写、可读
    DS1302_WRITE(0x8C,17);          //写入年
    DS1302_WRITE(0x8A,1);           //写入星期几
    DS1302_WRITE(0x88,8);           //写入月份
    DS1302_WRITE(0x86,28);          //写入几日
    DS1302_WRITE(0x84,0);           //位 7 为高时选择 12 小时模式
    DS1302_WRITE(0x82,0);           //写入分钟
    DS1302_WRITE(0x80,0);           //位 7 为 1 时，时钟停止工作，后 7 位写入秒值
    DS1302_WRITE(0x90,0xa5);
}
//读取秒值
int DS1302_READ_SEC(void)
{
    int second;
    second=DS1302_READ(0X81);
    return second;
}
//读取分值
int DS1302_READ_MIN(void)
{
    int minute;
    minute=DS1302_READ(0X83);
    return minute;
}
//读取小时
int DS1302_READ_HOUR(void)
{
    int hour;
    hour=DS1302_READ(0X85);
    return hour;
}
//读取日期
int DS1302_READ_DAY(void)
{
    int day;
    day=DS1302_READ(0X87);
    return day;
```

```
    }
//读取月份
int DS1302_READ_MON(void)
{
    int month;
    month=DS1302_READ(0X89);
    return month;
}
//读取星期
int DS1302_READ_WEEK(void)
{
    int week;
    week=DS1302_READ(0X8B);
    return week;
}
//读取年份
int DS1302_READ_YEAR(void)
{
    int year;
    year=DS1302_READ(0X8D);
    return year;
}

void led_display(uchar wei,uchar dat)
{
    uchar i,j;
    i = 0x01 <<wei;
    for(j=0;j<8;j++)
    {
        clk_595=0;                      //时钟拉低
        if(i&0x80)
            ds_595=1;
        else
            ds_595=0;                   //写数据
        clk_595=1;                      //上升沿传输数据
        i<<=1;                          //数据移位
    }
    for(j=0;j<8;j++)
    {
```

```
            clk_595=0;                          //时钟拉低
            if(dat&0x80)
                ds_595=1;
            else
                ds_595=0;                        //写数据
            clk_595=1;                           //上升沿传输数据
            dat<<=1;                             //数据移位
        }
    st_cp_595 = 0;
     st_cp_595 = 1;                              //产生一个正脉冲，用以更新数据
    st_cp_595 = 0;
}
//主函数
//显示时、分、秒
int main(void)
{
    int hour,min,sec;
    DS1302_int();
    while(1)
    {
        hour = DS1302_READ_HOUR();
        min = DS1302_READ_MIN();
        sec = DS1302_READ_SEC();
        led_display(0,ledcode[hour/10]);
        delay(50);
        led_display(1,ledcode[hour%10]);
        delay(50);
        led_display(2,ledcode[min/10]);
        delay(50);
        led_display(3,ledcode[min%10]);
        delay(50);
        led_display(4,ledcode[sec/10]);
        delay(50);
        led_display(5,ledcode[sec%10]);
        delay(50);
    }
    return 0;
}
```

5.3 上位机控制 LED 流水灯

1．任务说明

上位机通过串口助手软件与单片机进行通信，通过发送命令控制单片机，使 8 个 LED 灯以不同方式点亮。

2．所需模块电路

CH340G 串口芯片外部连接图如图 5.8 所示。通过转接芯片 CH340G，可以方便地实现将 USB 信号转换为串口信号。

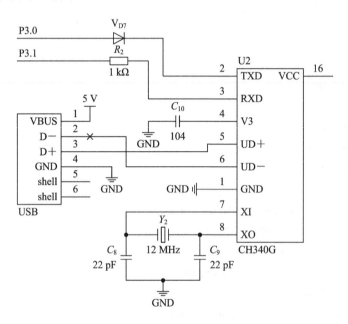

图 5.8 CH340G 串口芯片外部连接图

3．程序设计

程序代码如下：

```
#include    "STC15Fxxxx.H"

#define MAIN_Fosc         12000000L
#define BAUD              9600          //设置波特率

sbit DS0 = P1^0;
sbit DS1 = P1^1;
sbit DS2 = P1^2;
sbit DS3 = P1^3;
sbit DS4 = P1^4;
```

```c
sbit DS5 = P1^5;
sbit DS6 = P1^6;
sbit DS7 = P1^7;

#define   DS0_ON()    DS0 = 0
#define   DS0_OFF()   DS0 = 1
#define   DS1_ON()    DS1 = 0
#define   DS1_OFF()   DS1 = 1
#define   DS2_ON()    DS2 = 0
#define   DS2_OFF()   DS2 = 1
#define   DS3_ON()    DS3 = 0
#define   DS3_OFF()   DS3 = 1
#define   DS4_ON()    DS4 = 0
#define   DS4_OFF()   DS4 = 1
#define   DS5_ON()    DS5 = 0
#define   DS5_OFF()   DS5 = 1
#define   DS6_ON()    DS6 = 0
#define   DS6_OFF()   DS6 = 1
#define   DS7_ON()    DS7 = 0
#define   DS7_OFF()   DS7 = 1
#define   DS_All_OFF() P1 = 0XFF

void delay_ms(unsigned int ms)
{
unsigned int i;
    do{
            i = MAIN_Fosc / 13000;
        while(--i);
        }while(--ms);
}

char Choose = 0;
void UART1_int(void) interrupt UART1_VECTOR
{
    ES=0;                    //关串口中断
    if(RI)                   //接收中断
    {
        Choose = ~Choose;    //标志位取反
    }
```

```
                                           //完成之后必须清标志位，否则会进入中断
    TI=0;                                  //清发送标志
    RI=0;                                  //清接收标志
    ES=1;                                  //开串口中断
}


int main()
{
    SCON = 0x50;                           //8 位可变波特率
    T2L = (65536 - (MAIN_Fosc/4/BAUD));    //设置波特率重装值
    T2H = (65536 - (MAIN_Fosc/4/BAUD))>>8;
    AUXR = 0x14;                           //T2 为 1T 模式，并启用定时器 2
    AUXR |= 0x01;                          //选择定时器 2 为串口 1 的波特率发生器
    ES = 1;                                //开串口中断
    EA = 1;
    while(1)
    {
        if(Choose==0)                      //灯一盏一盏点亮，一盏点亮后前一盏熄灭
        {
            DS0_ON();
            delay_ms(500);
            DS1_ON();
            delay_ms(500);
            DS2_ON();
            delay_ms(500);
            DS3_ON();
            delay_ms(500);
            DS4_ON();
            delay_ms(500);
            DS5_ON();
            delay_ms(500);
            DS6_ON();
            delay_ms(500);
            DS7_ON();
            delay_ms(500);
            DS_All_OFF();
        }
        else//灯一盏一盏点亮，全亮后熄灭，再一盏一盏点亮，之后熄灭，如此循环
        {
```

```
                    DS0_ON();
                    DS7_OFF();
                    delay_ms(500);
                    DS1_ON();
                    DS0_OFF();
                    delay_ms(500);
                    DS2_ON();
                    DS1_OFF();
                    delay_ms(500);
                    DS3_ON();
                    DS2_OFF();
                    delay_ms(500);
                    DS4_ON();
                    DS3_OFF();
                    delay_ms(500);
                    DS5_ON();
                    DS4_OFF();
                    delay_ms(500);
                    DS6_ON();
                    DS5_OFF();
                    delay_ms(500);
                    DS7_ON();
                    DS6_OFF();
                    delay_ms(500);
                }
            }
        return 0;
    }
```

5.4　直流电机调速系统

1．任务说明

通过单片机输出的 PWM 波控制直流电机的速度，从而调节直流电机的速度、正转和反转。

1）直流电机的工作原理

直流电机的工作原理如图 5.9 所示。图中，磁极 N、S 间装着一个可以转动的铁磁圆柱体，圆柱体表面固定线圈 abcd。当线圈中流过电流时，线圈受到电磁力作用，产生旋转。根据左手定则可知，当流过线圈中的电流改变方向时，线圈的受力方向也将改变，因此通过改变线圈中电流的方向即可改变电机的方向。

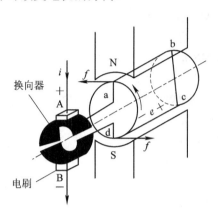

图 5.9　直流电机的工作原理图

直流电机的转速为

$$n = \frac{U_a - I_a R_a}{C_e \Phi} \tag{5.1}$$

式中，U_a 为电枢供电电压，I_a 为电枢电流，R_a 为电枢回路总电阻，C_e 为电势系数，Φ 为励磁磁通。

由式(5.1)可知，调节转速 n 有多种方法，其中应用最为广泛的是改变电枢供电电压的方法，即采用 PWM(脉冲宽度调制技术)控制法来改变电枢电压。

2) 电机调速原理

电机调速原理如图 5.10(a)所示。图中，U_i 是系统的直流电压，在 S 端加一 PWM 控制信号，电机得到的电枢电压 U_a 即为幅值可调的直流电压，从而控制电机的转速。图5.10(b)中：

$$U_a = \frac{t_{on}}{T} U_i \tag{5.2}$$

在周期 T 不变时，改变导通时间 t_{on} 即可改变输出电压 U_a，从而改变电机的转速。这就是 PWM 的基本原理。

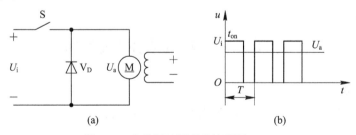

图 5.10　电机调速原理及波形图

2. 所需模块电路

可采用双 H 桥式驱动器 L298N 来驱动直流电机转动。

L298N 是 SGS 公司的产品，内部包含 4 通道逻辑驱动电路，是一种二相和四相电机的专用驱动器，是内含两个 H 桥的高电压大电流双全桥式驱动器，接收标准 TTL 逻辑电平信号，可驱动 46 V、2 A 以下的电机。其引脚图如图 5.11 所示。

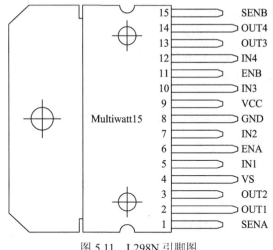

图 5.11　L298N 引脚图

L298N 驱动电机的原理图如图 5.12 所示。L298N 控制逻辑如表 5.2 所示。

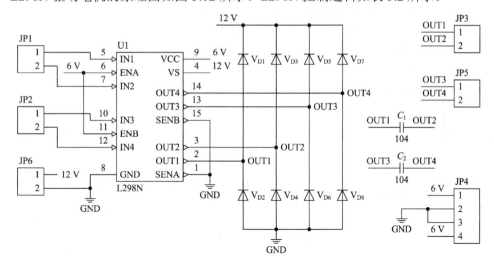

图 5.12　L298N 驱动电机的原理图

表 5.2　L298N 控制逻辑

电机	旋转方式	控制端 IN1	控制端 IN2	控制端 IN3	控制端 IN4	PWM 控制信号	
						ENA	ENB
M1	正转	1	0	—	—	1	—
	反转	0	1	—	—	1	—
	停止	0	0	—	—	1	—
M2	正转	—	—	1	0	—	1
	反转	—	—	0	1	—	1
	停止	—	—	0	0	—	1

3．程序设计

程序代码如下：

```c
#include    "STC15Fxxxx.H"
#define MAIN_Fosc          12000000L
unsigned int pwm = 100,PWM_HIGH_MAX = 800,PWM_HIGH_MIN = 100,PWM_DUTY =
1000,PWM_high,PWM_low;
char P_PWM = 0;
/*************** 计算 PWM 重装值函数 ******************/
void LoadPWM(u16 i)
{
    u16  j;
    if(i > PWM_HIGH_MAX)
        i = PWM_HIGH_MAX;       //如果写入大于最大占空比的数据，则强制为最大占空比
    if(i < PWM_HIGH_MIN)
        i = PWM_HIGH_MIN;       //如果写入小于最小占空比的数据，则强制为最小占空比
    j = 65536UL - PWM_DUTY + i; //计算 PWM 低电平时间
    i = 65536UL - i;            //计算 PWM 高电平时间
    EA = 0;
    PWM_high = i;               //装载 PWM 高电平时间
    PWM_low  = j;               //装载 PWM 低电平时间
    EA = 1;
}
void delay_ms(unsigned int ms)
{
    unsigned int i;
    do{
        i = MAIN_Fosc / 13000;
        while(--i);
    }while(--ms);
}
void main(void)
{
    P3M1 &= ~(1 << 5);        //P3.5 设置为推挽输出
    P3M0 |=  (1 << 5);
    TR0 = 0;                  //停止计数
    ET0 = 1;                  //允许中断
    PT0 = 1;                  //高优先级中断
    TMOD &= ~0x03;            //工作模式，0～16 位自动重装
```

```
        AUXR |=   0x80;      //1T
        TMOD &= ~0x04;    //定时
        INT_CLKO |=   0x01;//输出时钟
        TH0 = 0;
        TL0 = 0;
        TR0 = 1;   //开始运行
        EA = 1;
        pwm = PWM_DUTY / 10;        //给 PWM 一个初值，这里占空比为 10%
        LoadPWM(pwm);               //计算 PWM 重装值
        while (1)
        {
            while(pwm < (PWM_HIGH_MAX-8))
            {
                pwm += 8;            //PWM 逐渐加到最大
                LoadPWM(pwm);
                delay_ms(8);
            }
            while(pwm > (PWM_HIGH_MIN+8))
            {
                pwm -= 8;            //PWM 逐渐减到最小
                LoadPWM(pwm);
                delay_ms(8);
            }
        }
}


/******************** Timer0 中断函数********************/
void timer0_int (void) interrupt 1
{
    if(P_PWM)
    {
        TH0 = (u8)(PWM_low >> 8);     //如果是输出高电平，则装载低电平时间
        TL0 = (u8)PWM_low;
    }
    else
    {
        TH0 = (u8)(PWM_high >> 8);     //如果是输出低电平，则装载高电平时间
        TL0 = (u8)PWM_high;
    }
}
```

5.5　环境温度检测及报警系统

1．任务说明

设计并制作一个环境温度检测及报警系统，实现对周围环境温度的检测，并在环境温度超出设定的上、下限温度时自动报警。具体要求如下：

(1) 能正确检测环境温度，误差为±0.5℃。

(2) 在数码管或液晶屏上实时显示温度。

(3) 将默认上限报警温度设置为40℃，将默认下限报警温度设置为20℃。

(4) 当温度超过或低于设定的阈值时，蜂鸣器报警。

(5) 可通过矩阵键盘调整温度报警阈值。

2．所需模块电路

1) 温度检测电路设计

温度检测电路中温度的采集是关键，因要求的误差是±0.5℃，故可采用DALLAS公司的单总线数字温度传感器DS18B20。它采用独特的单线接口方式，仅需一个信号线发送或接收信息，测量范围为−55～125℃。图5.13是DS18B20与单片机的连接图。注意：信号线要加一个上拉电阻，大小可以选取4.7 kΩ。

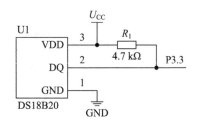

图5.13　DS18B20与单片机的连接图

2) 按键输入电路设计

按键输入电路设计参考4.3节。

3) 液晶显示电路设计

液晶显示电路设计参考4.2节。

4) 报警电路设计

报警电路由蜂鸣器构成，由于IO口驱动能力不够，因此使用IO口控制三极管，从而控制蜂鸣器是否发声，电路如图5.14所示。

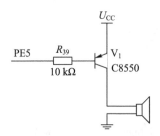

图5.14　扬声器驱动电路原理图

5) 系统整体框图

该环境温度检测及报警系统的整体框图如图5.15所示，包括单片机、温度检测、液晶显示、按键输入和报警等部分。

3. 程序设计

环境温度检测及报警系统的程序设计流程图如图 5.16 所示。

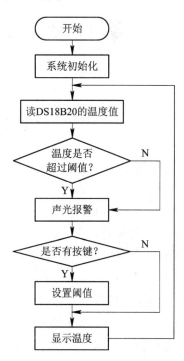

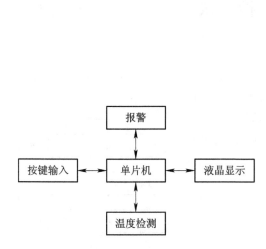

图 5.15　系统的整体框图　　　　　图 5.16　程序设计流程图

程序代码略。

第6章　测控仪器系统训练

6.1　巡　检　仪

1．任务说明

巡检仪是一种工业测控仪表，它可以与各类传感器、变送器配合使用，可对多路温度、压力、液位、流量、重量、电流、电压等工业过程参数进行巡回检测、报警控制、变送输出、数据采集及通信。

本系统需要设计一个节点数为 5 的温度巡检仪，要求实时将各节点温度值显示在 LCD 显示屏上。

2．所需模块电路

所需模块电路参考 5.5 节环境温度检测及报警系统。

3．程序设计

巡检仪设计流程图如图 6.1 所示。

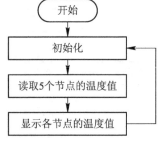

图 6.1　巡检仪设计流程图

6.2　步进电机控制系统

1．任务说明

本系统采用单片机作为控制单元，通过键盘实现对步进电机转动方向及转动速度的控制，并且将步进电机的转动速度动态显示在 LCD 液晶屏上。

2．所需模块电路

1）THB7128 步进电机驱动器

THB7128 步进电机驱动器(见图 6.2)是一款专业的两相步进电机驱动器，可实现正反转控制。它通过 S4、S5、S6 3 位拨码开关可实现 8 挡细分控制(1、2、4、8、16、32、64、128)，通过 S1、S2、S3 3 位拨码开关可实现 6 挡电流控制(0.5A，1A，1.5A，2.0A，2.5A，3.0A)，适合驱动 57、42、39、35、28 型两相、四相混合式步进电机。该驱动器具有噪音小、振动小、运行平稳等特点。

2）42 式步进电机

42 式步进电机(如图 6.3 所示)是将电脉冲激励信号转换成相应的角位移或线位移的离散值控制电动机，这种电动机每输入一个电脉冲就旋转一步，所以又称脉冲电动机。

图 6.2　步进电机驱动模块

图 6.3　42 式步进电机实物图

3）系统整体框图

该步进电机控制系统的整体框图如图 6.4 所示，包括主控模块、液晶显示模块、按键输入模块、步进电机模块及电机驱动模块五部分。

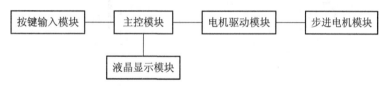

图 6.4　步进电机控制系统的整体框图

3．程序设计

步进电机的程序设计流程如图 6.5 所示。

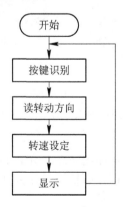

图 6.5　步进电机的程序设计流程

6.3　直流电机控制系统

1．任务说明

本系统采用单片机作为控制单元，通过键盘实现对直流电机转动方向及转动速度的精确控制。

2．所需模块电路

1) 电机驱动模块

电机驱动模块采用双 H 桥式驱动器 L298N 来驱动直流电机转动。

2) 电机测速模块

电机测速模块由红外线测速模块及光电码盘构成，其工作原理如图 6.6 所示。光电二极管始终发射红外信号，当铝盘转动时，红外光通过了过孔，光电接收管收到红外信号，接收端输出低电平，通过铝盘的过孔连续地通过—遮挡—通过—遮挡…，在接收端形成一系列脉冲。通过在定时时间内计算脉冲及铝盘过孔数量即可测算出电机的真实转速。

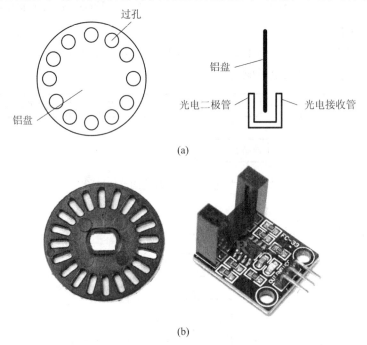

图 6.6　电机测速模块的结构示意图及实物图

3) 系统整体框图

该直流电机控制系统的整体框图如图 6.7 所示，包括主控模块、液晶显示模块、按键输入模块、电机测速模块、直流电机及电机驱动器六部分。

3．程序设计

该直流电机控制系统的程序设计流程如图 6.8 所示。

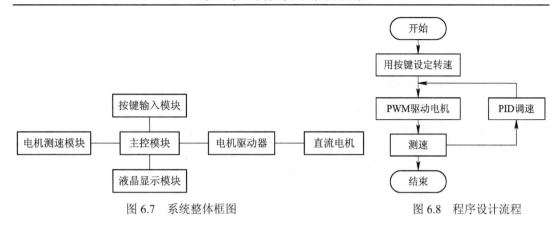

图 6.7 系统整体框图   图 6.8 程序设计流程

6.4 生物电子检测系统

1. 任务说明

本系统集心电、脉搏、血氧、血压信号检测于一体，能够在屏幕上显示心电、脉搏、血氧、血压的波形，并且通过相关算法，可计算出相应的心电、脉搏、血氧、血压的值。

2. 所需模块电路

1) 心电模块

心电信号是反映人体心脏工作状态的重要依据。心电信号的主要特征如下：

(1) 信号弱，一般为毫伏量级。

(2) 属于低频信号，一般在几百赫兹以下。

(3) 干扰源多，包括来自体内的呼吸干扰、肌电干扰以及来自体外的工频干扰、不良接地干扰等。

典型的心电信号波形如图 6.9 所示。

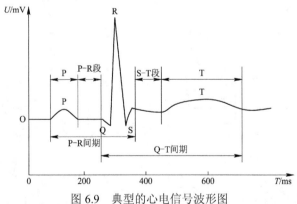

图 6.9 典型的心电信号波形图

心电模块原理图如图 6.10 所示，包含前级阻抗变换电路、中间级放大电路、滤波电路等。图中，f_{LPF} 为带阻滤波器的上限频率，G_{OPA} 为运放闭环增益，G_{TOT} 为电路的总的放大倍数，G_{INA} 为前级运放的放大倍数，f_{HPF} 为带阻滤波器的下限频率，Wilson $U_{CENTRAL}$ 为威尔逊电压中点，Inverted U_{CM} 为倒置输入电压，f_0 为低通滤波器的截止频率。

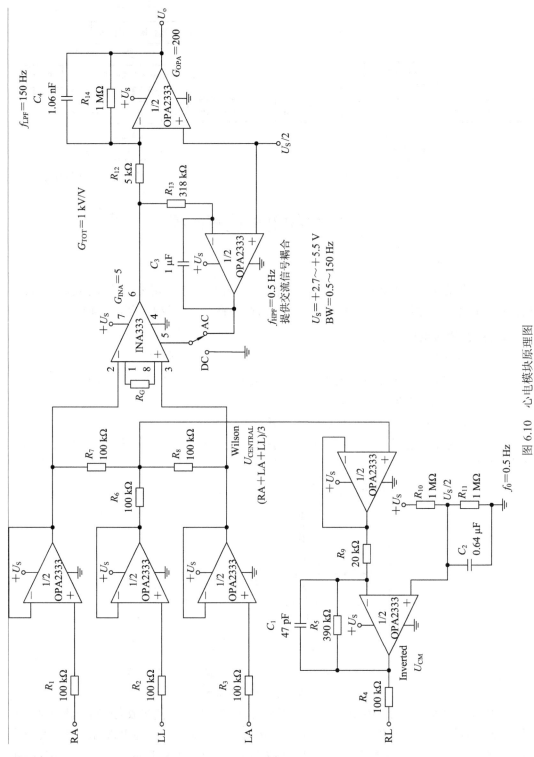

图 6.10　心电模块原理图

2) 脉搏模块

传感器由红外发光二极管和红外接收三极管组成。采用 GaAs 红外发光二极管作为光源时，可基本抑制由呼吸运动造成的脉搏波曲线的漂移。红外接收三极管在红外光的照射下能产生电能，它的特性是将光信号转换为电信号。在本系统中，红外接收三极管和红外发光二极管相对摆放，以获得最佳的指向特性，其原理如图 6.11 所示。

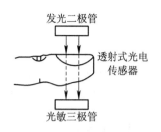

图 6.11　脉搏模块工作原理图

从光源发出的光除被手指组织吸收以外，一部分由血液漫反射返回，其余部分透射出来。光电传感器按照光的接收方式可分为透射式和反射式两种。其中，透射式光电传感器的发射光源与光敏接收器件的距离相等并且对称布置，接收的是透射光，这种方法可较好地反映心率与时间的关系。因此，本系统采用指套式的透射式光电传感器，实现光电隔离，减少对后级模拟电路的干扰。

图 6.12 所示为脉搏信号放大原理图。图中，U3 是红外发射和接收装置。由于红外发光二极管中的电流越大，发射角度越小，产生的发射强度就越大，因此对 R_{21} 的选取要求较高。将 R_{21} 选为 270 Ω，是基于红外接收三极管感应红外光的灵敏度来考虑的。R_{21} 过大，通过红外发光二极管的电流偏小，红外接收三极管无法区别有脉搏时和无脉搏时的信号；反之，R_{21} 过小，通过红外发光二极管的电流偏大，红外接

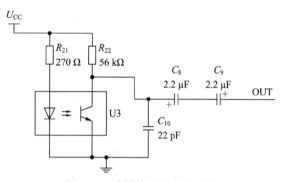

图 6.12　脉搏信号放大原理图

收三极管也不能准确地辨别有脉搏时和无脉搏时的信号。当手指离开传感器或检测到较强的干扰光线时，输入端的直流电压会出现很大变化，为使它不致泄露到 U2B 输入端而造成错误指示，用 C_8、C_9 串联组成的双极性耦合电容把它隔断开。

当手指处于测量位置时，会出现两种情况：一是无脉期。虽然手指遮挡红外发光二极管发射的红外光，但是由于红外接收三极管中存在暗电流，因此会造成输出电压略低。二是有脉期。当有跳动的脉搏时，血液使手指的透光性变差，红外接收三极管中的暗电流减小，输出电压上升。但该传感器输出信号的频率很低，如当脉搏为 50 次/分钟时，只有 0.78 Hz，当脉搏为 200 次/分钟时，也只有 3.33 Hz，因此信号首先经 R_{22}、C_{10} 滤波以滤除高频干扰，再由耦合电容 C_8、C_9 加到线性放大输入端。

按人体脉搏在运动后跳动次数达 200 次/分钟来设计低通放大器，如图 6.13 所示，R_{23}、C_6 组成低通滤波器，以进一步滤除残留的干扰，截止频率由 R_{23}、C_6 决定，运放 U2B 将信号放大，放大倍数由 R_{23} 和 R_{27} 的比值决定。

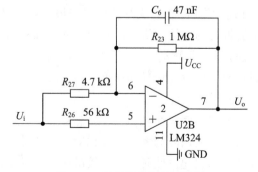

图 6.13　脉搏信号低通滤波器

根据一阶有源滤波电路的传递函数，可得

$$A(s) = \frac{U_o(s)}{U_i(s)} = \frac{A_0}{1 + \dfrac{s}{\omega_c}} \tag{6.1}$$

放大倍数为

$$A_0 = 1 + \frac{R_{23}}{R_{27}} \approx 214 \tag{6.2}$$

截止频率为

$$f_0 = \frac{1}{2\pi R_{23} C_6} \approx 3.39\ \text{Hz} \tag{6.3}$$

按人体的脉搏跳动为 200 次/分钟时的频率是 3.3 Hz 考虑，低频特性良好。

经过低通放大器后输出的信号是叠加噪声的脉动正弦波。

脉搏信号调节电路如图 6.14 所示。U2C 是一个电压比较器，C_{11}、R_{29} 构成一个微分器，U2A 和 C_7、R_{32} 组成单稳态多谐振荡器，其脉宽由 C_7、R_{32} 决定。

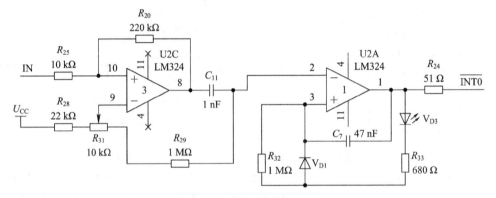

图 6.14　脉搏信号调节电路

该比较器的阈值电压可用 R_{31} 调节在正弦波的幅值范围内，但是对 R_{31} 的调节要求并不严格，因为 U2C 的输出信号经 C_{11}、R_{29} 微分后总是将正、负相间的尖脉冲加到单稳态多谐振荡器 U2A 的反相输入端，不会造成很大的触发误差。

当有输入信号时，U2A 在比较器输入信号的每个后沿到来时输出高电平，使 C_7 通过 R_{32} 充电。大约持续 20 ms 之后，C_7 充电电流减小，使 U2A 同相输入端的电位降低到低于反相输入端的电位(尖脉冲已过去很久)，于是 U2A 改变状态并再次输出低电平。这个 20 ms 的脉冲是与脉搏同步的，并由发光二极管 V_{D3} 显示出来，即发光二极管用于显示脉搏测量状态，脉搏每跳动一次，发光二极管就亮一次。同时，该脉冲电平通过 R_{24} 送到单片机 $\overline{\text{INT0}}$ 脚，对心率进行计算和显示。

3) 血氧模块

血液中脱氧血红蛋白(Hb)和氧合血红蛋白(HbO_2)含量的变化将造成透光率的变化，当氧合血红蛋白和脱氧血红蛋白对光的吸收量相等时，透射光的强度将主要由动脉血管的收缩和舒张引起，此时能够比较准确地反映出脉搏信号。图 6.15 为血红蛋白的吸收光谱图。从图 6.15 中可以看出，血液中 HbO_2 和 Hb 对于不同波长的光的吸收系数其差异明显，考虑到在 805 nm 波长处, 血红蛋白的光吸收率较低, 那么透射过手指的光强较大, 有利于光敏器件的接收, 因此结合器件进行选型, 可以将发射光源的波长选择为 805 nm。

图 6.16 为血氧模块原理图。图 6.16 包含滤波放大电路及电源供电电路两部分。图中, 血氧信号经光敏二极管接收后经滤波放大, 得到输出信号。

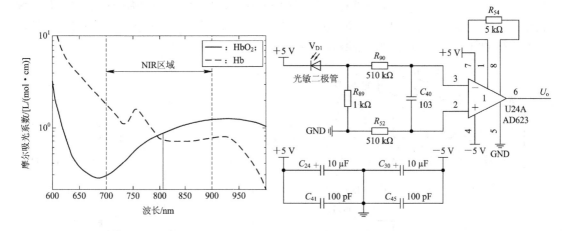

图 6.15　血红蛋白的吸收光谱图　　　　　　　图 6.16　血氧模块原理图

4) 血压模块

血压计所采集并处理的信号是由压力传感器 RL1 检测到的, 其原理图如图 6.17 所示。它检测到气压信号后将其转换成差动电压信号并由 2 脚、5 脚输出给后面的数据放大器(由运放 U4B、U4C、U4D 和电阻 R_4、R_{12}、R_{10}、R_9、R_5、R_6、R_8、R_7、R_{11} 构成)进行放大, 然后送给 CPU 处理。压力传感器采用恒流源供电(由运放 U4A 和电阻 R_1、R_2、R_3 构成), 如图 6.17 所示。

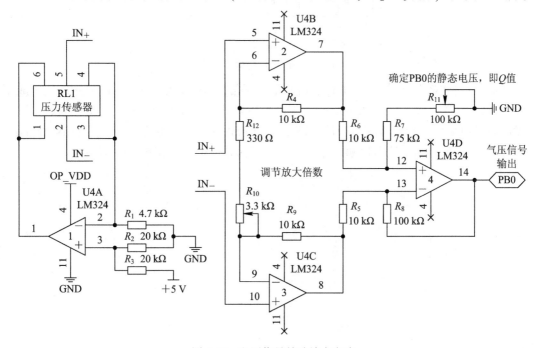

图 6.17　血压信号差动放大电路

图 6.17 中，R_{10} 可调电阻决定放大器的放大倍数，R_{11} 决定输出信号的静态电压，即 Q 值。

通过数据放大器放大后的气压信号中，一路由 PB0 点送入 CPU 的模/数转换器处理(图中 CPU 未画出)，另一路通过 C_5 耦合给由 U5A 等电子元件组成的带通滤波器，经 U5B 缓冲后，再通过由 U5C 等元件组成的二阶有源低通滤波器后输出，由 PB1 送入 CPU 作为脉搏信号处理。这部分的作用是检出脉搏信号并把与脉搏信号无关的其他干扰信号过滤掉，然后送给 CPU 做进一步处理，如图 6.18 所示。

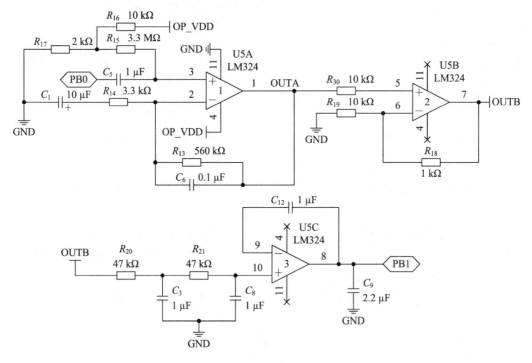

图 6.18　血压信号滤波电路

检测的关键是看 PB0 和 PB1 处的信号是否正常。PB0 处电压和 LCD 显示的气压成正比，即如果气压升高，那么 PB0 处的电压也会随着升高。PB1 处信号要用毫伏表或示波器检测。如果用毫伏表检测，那么它所用量程应用 10 mV 挡位，静态信号电压在 2 mV 到 6 mV 之间为正常。如果用示波器检测，那么它的波形的峰值电压应在 50 mV 以内。

创新训练篇

第7章　实践训练项目

7.1　简易电子秤

使用电阻应变式传感器、运算放大器等器件，设计并制作一台简易电子秤。

1．基础部分

(1) 以数显的方式显示被测物体的重量，示数的稳定时间不超过 1 s。

(2) 称重范围为 10～200 g，要求通过校正来补偿电阻应变式传感器的非线性，称重误差不大于 1%，并尽量提高称重精度。

2．发挥部分

(1) 实现去皮功能，即可以重新设定"零"重量点。

(2) 实现单价设置与计价功能，即在设置单价后根据重量计算金额，最大为 999.9 元，误差不大于 0.1 元。

(3) 具备休眠与唤醒功能，以降低功耗。

1．整体方案分析

本设计主要由以下几部分组成：电阻应变式传感器、信号放大电路、A/D 转换器、单片机、液晶显示模块、按键输入模块。其结构图如图 7.1 所示。

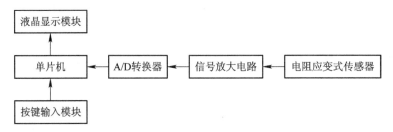

图 7.1　整体结构图

本方案由电阻应变式传感器感受被测物体的质量，通过电桥后输出电压信号，通过信号放大电路将输出的电压信号放大，而后送入 A/D 转换器进行模/数转换，将转换后的数字信号送给单片机；单片机接收数据后，对数据进行处理，将其转换为对应的重量信息，送液晶显示模块进行显示。单片机还需查询键盘是否有输入，执行相应的金额计算和去皮调零操作。

1) 电阻应变式传感器及电桥介绍

电阻应变式传感器是将被测量的力产生的金属弹性变形转换成电阻变化的元件。因此，通过检测电阻应变式传感器的阻值变化即可求得被测量的力，从而得到物体的质量。

由于质量的改变对于电阻的变化很小，因此可以采用电桥电路(见图 7.2)来提高精度，再用信号放大电路将电阻变化转换为电压信号并放大。在电桥测量电路中，将应变片接入电桥一臂，现假设接在 R_1 的位置，当桥臂电阻初始值 $R_1 = R_2 = R_3 = R_4$ 时，电桥平衡，$U_{ad} = 0$ V，当 R_1 的阻值变化时，$U_{ad} \neq 0$ V，此时采集 a、d 间的电压差并放大，再通过计算即可得到 R_1 的变化值。

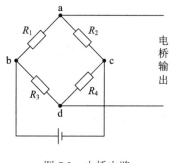

图 7.2　电桥电路

2) 信号放大电路

电桥输出的电压信号为毫伏级，所以必须使用运算放大器。而信号放大电路在电子秤的设计中是非常重要的一环。

可以采用低功耗、低漂移、高精度的 OPA2333P 来设计信号放大电路。OPA2333P 内部包括两个独立的、高增益的、内部频率补偿的双运算放大器，适于电源电压范围很宽的单电源使用，也适于双电源工作模式，在推荐的工作条件下，电源电流与电源电压无关。OPA2333P 的使用范围包括传感信号放大电路、直流增益模块和其他所有由单电源供电的使用运算放大器的场合。

在此可以在前级使用 OPA2333P 一通道进行放大，再通过二通道组成的带通滤波器输入给 A/D 信号采集端。

3) A/D 转换器

对于电压采集，本设计可以采用 TI 的 ADS1110 来完成，它是 16 位的 A/D 转换器，在精度上完全符合要求，其片内电压基准是 2.048V。ADS1110 只能采用内部电压基准，该基准不能测量，也不用于外部电路。ADS1110 通过 I^2C 总线(内部集成电路)接口通信，所以在与单片机连接时要外加上拉电阻；AT89C51 单片机的 2 个 I/O 接口最多可挂接 8 个 ADS1110，单片机对 ADS1110 的识别通过 I^2C 地址实现。ADS1110 只能作为从机。

ADS1110 的 I^2C 地址是 1001aaa，其中 aaa 是出厂时的默认设置。ADS1110 有 8 种不同类型，每种类型都有不同的 I^2C 地址。封装上，ADS1110 的每种类型都以 EDx 为标识，其中 x 表示地址变量。关于 ADS1110 的具体使用，可以到 TI 官网查找数据手册。

在实际应用中，有电子秤专用处理芯片，如 HX711 模块。该芯片集成了稳压电源、片内时钟振荡器等芯片所需要的外围电路，具有集成度高、响应速度快、抗干扰性强等优点。该芯片与后端 MCU 芯片的接口和编程非常简单，所有控制信号由引脚驱动，无须对芯片内部的寄存器编程。输入选择开关可任意选取通道 A 或通道 B，与其内部的低噪声可编程放大器相连。通道 A 的可编程增益为 128 dB 或 64 dB，对应的满额度差分输入信号幅值分别为 ±20 mV 或 ±40 mV。通道 B 的增益为固定的 32 dB，用于检测系统参数。芯片内提供的稳压电源可以直接向外部传感器和芯片内的 A/D 转换器提供电源，系统板上无须另外的模拟电源。芯片内的时钟振荡器不需要任何外接器件。上电自动复位功能简化了开机的初始化过程。

采用该芯片后，可以省略前级的放大电路。

4) 键盘输入模块

键盘输入模块请参考 4.3 节。

5) 液晶显示模块

考虑到本项目要求中文显示，数码管、1602 液晶屏无法满足，只能考虑用带有中文字库的液晶显示器，故采用 12864。

2. 软件设计流程

系统软件设计流程图如图 7.3 所示。

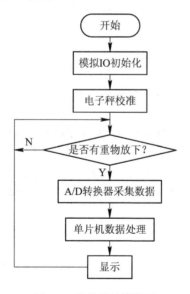

图 7.3　软件设计流程图

7.2　数字频率计

任务

设计一台简易的数字频率计，显示量程为四挡，用液晶屏显示，其中被测信号电压的有效值为 0.1～1 V。

要求

1. 基础部分

(1) 测量的方波频率为 1～100 Hz，闸门时间为 1 s。

(2) 测量的方波频率为 10 Hz～1 kHz，闸门时间为 0.1 s。

(3) 测量的方波频率为 100 Hz～10 kHz，闸门时间为 10 ms。

(4) 测量的方波频率为 1～100 kHz，闸门时间为 1 ms。

2. 发挥部分

(1) 测量的正弦波频率为 1～100 Hz，闸门时间为 1 s。

(2) 测量的正弦波频率为 10 Hz～1 kHz，闸门时间为 0.1 s。

(3) 测量的正弦波频率为 100 Hz～10 kHz，闸门时间为 10 ms。

(4) 测量的正弦波频率为 1～100 kHz，闸门时间为 1 ms。

设计思路

1. 整体方案分析

对于本设计，可以先采集被测信号进行整形放大，然后通过单片机计数，经处理后得到频率，最后用显示屏显示，整体结构图如图 7.4 所示。

图 7.4　整体结构图

1) 测频原理

频率计的基本原理是将一个频率稳定度高的频率源作为基准时钟，对比测量其他信号的频率。通常情况下，应计算每秒内待测信号的脉冲个数，此时称闸门时间为 1 s。闸门时间也可以大于或小于 1 s。闸门时间越长，得到的频率值就越准确，但闸门时间越长，每测一次频率的间隔就越长。闸门时间越短，测得的频率值刷新得就越快，但测得的频率精度会受影响。

对于频率测量，有直接测频法、测周期法、等精度测频法等方法，分别适用于不同频率信号的测量。

(1) 直接测频法：由时基信号形成闸门，对被测信号进行计数。当闸门宽度为 1 s 时可直接从计数器读出被测信号的频率。计数值存在正负一个脉冲的误差是可能的，故此法的绝对误差就是 1 Hz(对 1 s 宽的闸门而言)，其相对误差则随着被测频率的升高而降低，故此法适于测高频，而不适于测低频。

(2) 测周期法：由被测信号形成闸门，对时基脉冲进行计数。当闸门宽度刚好是一个被测脉冲周期时可直接从计数器读出被测信号的周期值(以时基脉冲个数来表示)。该法的绝对误差是一个时基周期，其相对误差随着被测信号周期的增大而降低，故此法适于测低频(周期长)，而不适于测高频(周期短)。

(3) 等精度测频法：设置两个同步闸门，同时对被测信号和时基脉冲进行计数。两个计数值之比即为其频率比。可让闸门起点和终点均与被测脉冲正沿同步，则可消除被测计数器的正负一个脉冲的误差，使其误差与被测频率无关，达到等精度测频。

2) 信号放大与整形

由于被测信号的有效值电压为 1 V，因此如果使用单片机采集信号，则需要对信号进行放大，如果测量正弦波，则还需要整形成脉冲波后由单片机进行采集。其中，正弦波要整形成脉冲波，可以使用比较器进行比较后得到脉冲波，然后通过放大电路得到符合要求的信号，再传送给单片机进行数据的采集。放大器可以使用 OPA2134，比较器可以使用 LM311。

2．软件设计流程

软件设计流程如图 7.5 所示。

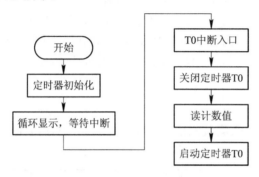

图 7.5　软件设计流程图

7.3　温度自动控制系统

任务

设计制作一个温度自动控制系统，能根据预定的温度进行加热，其示意图如图 7.6 所示。

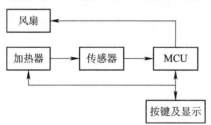

图 7.6　温度自动控制系统示意图

要求

1．基础部分

(1) 能显示控制温度和实际工作温度。

(2) 可用键盘设定工作温度，温控误差要求小于±2℃。

(3) 当温度低于 30℃时，风扇停止工作，加热器开始加热；当温度高于 70℃时，应切断加热器，并接通风扇开始散热。

(4) 达到预定温度、上下限温度时，能进行声光报警。

(5) 自制直流电源。

2．发挥部分

(1) 能显示加热功率和风扇转速。

(2) 加热功率程控可调。

(3) 具有程控加热功能，能按预定的加热曲线进行加热。

(4) 温控误差要求小于±1℃。

设计思路

1．整体方案分析

1) 温度传感器的选取及控制

温度传感器采用数字传感器 DS18B20。温度传感器与单片机的连接方式请参考 4.7 节。

由于 DS18B20 的数据输出为总线漏极开路模式，因此需要外接一个 4.7 kΩ 的上拉电阻。如要采用寄生工作方式，则只要将 VDD 电源引脚与单总线并联即可。但在程序设计中，寄生工作方式将会对总线的状态有一些特殊的要求。

2) 温度的设定及显示

温度的设定及显示采用 4×4 矩阵键盘和 LCD12864 液晶显示模块。

3) 声光报警

光报警采用三极管驱动无源蜂鸣器来实现，声报警采用发光二极管来实现。

4) 温度的自动控制

采用位置式 PID 控制算法，分别控制风扇及加热片，使温度达到设定温度。其中，加热片及风扇的控制均通过调节 MCU 输出 PWM 信号来实现。

(1) 位置式 PID 控制算法。位置式 PID 控制算法为

$$u(t) = K_p \left[e(t) + \frac{1}{T_i} \int_0^t e(t)\,\mathrm{d}t + T_d \frac{\mathrm{d}e(t)}{\mathrm{d}t} \right]$$

式中，$u(t)$ 为控制器(也称调节器)的输出；$e(t)$ 为控制器的输入(即设定值与当前温度值之差，也就是 $e(t) = r(t) - c(t)$)；K_p 为控制器的比例放大系数；T_i 为控制器的积分时间；T_d 为控制器的微分时间。

设 $u(k)$ 为第 k 次采样时刻控制器的输出值，可得离散的 PID 算法：

$$u(k) = K_p e(k) + K_i \sum_{j=0}^{k} e(j) + K_d \left[e(k) - e(k-1) \right]$$

式中：$K_i = \dfrac{K_p T}{T_i}$ 为积分系数，$K_d = \dfrac{K_p T_d}{T}$ 为微分系数。

在进行程序控制时，采用双路 PID 控制器，一方面控制加热片的 PWM 输出，另一方面控制风扇工作的 PWM 输出。调试时，两路 PID 控制器的参数共同调试，主要调试 K_p、K_i、K_d 三个参数，以达到误差为±1℃的要求。

(2) 温度加热曲线的绘制。在 LCD12864 液晶显示模块上绘制出温度-时间坐标轴。在系统的整个运行过程中，将读到的每一个温度值均绘制在该显示屏上并动态显示，即能绘制出温度点随时间变化的曲线图。

5) 定时加热至设定温度

在采用 PID 控制算法控制温度的基础上，增加了时间调配算法。

下面举例对该算法进行详细说明。

假设在功率可实现的情况下，在 30 s 内从 20℃加热至 70℃。

算法的具体操作是：在 20～70℃之间设定几个过渡温度点，如 25℃、35℃、45℃、55℃、65℃。在这 30 s 的时间内依次达到过渡温度点，并设两个过渡点的时间固定，如 25℃加热至 35℃设定需要 5 s，若时间有余，则等待。这样按照事先规定的加热路线实现定时加热操作。其中，过渡点及过渡时间均必须通过现场调试后再编入程序。为使得加热曲线更完美(过渡点滞留时间很短)，过渡点的选取应足够多。

6) 加热功率的测量

在驱动加热片时，采用频率一定、占空比可变的 PWM 波。但用 A/D 转换器去采样，则只会有高、低两种电位，需要测出其占空比才可计算出电压、电流的有效值。若在采样点加上无源 RC 低通滤波电路，则只需要 A/D 直接采样即可，如图 7.7 所示。

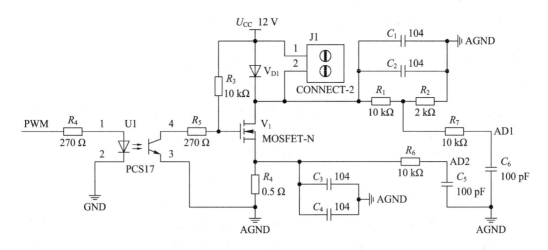

图 7.7　功率测量电路图

7) 直流电源

图 7.8 所示为直流电源电路。图中，采用 9 V、15 W 变压器，通过整流、滤波、稳压处理，得到 9 V 直流电源，供给加热片及风扇。9 V 直流电源通过 LM7805 降压芯片降至 5 V，供给单片机工作。

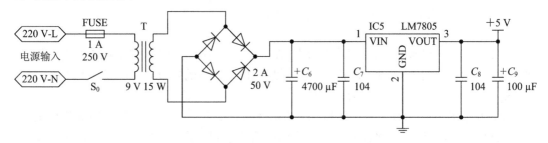

图 7.8　直流电源电路图

2. 软件设计流程

系统软件模块包括温度设定模块、决策模块、风扇控制模块、温度控制模块和液晶显示模块。系统软件设计流程如图 7.9 所示。

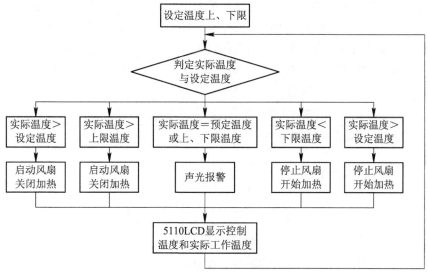

图 7.9　软件设计流程图

7.4　LCR 测试仪

任务

设计一种基于单片机的数字式 LCR 自动测试仪。

要求

1. 基础部分

(1) 测量电阻范围为 10 Ω～10 MΩ，测量精度为±2%。

(2) 测量电容范围为 50 pF～10 μF，测量精度为±8%。

(3) 测量电感范围为 50 μH～1 H，测量精度为±8%。

(4) 使用按键来设置测量的种类和单位，并显示。

(5) 自制电源。

2. 发挥部分

(1) 测量电感的品质因素 Q，测量范围为 1.0～999.9，测量精度为±10%。

(2) 测量电容的损耗系数 D，测量范围为 0.001～9.999，测量精度为±10%。

(3) 测试频点为 100 Hz、1 kHz、10 kHz。

(4) 其他，如进一步扩展量程，提高精度，自动转换量程等。

设计思路

1. 整体方案分析

硬件设计主要分为七部分：第一部分采用 AMS1117 芯片作为电源，输出稳定的 3.3 V

电压；第二部分用 ICL8038 芯片产生正弦波；第三部分用 *RC* 和 *RL* 电路实现 *LCR* 数字电桥的功能；第四部分对正弦波进行精密滤波；第五部分利用 STC15F2K60S2 单片机自带的A/D 转换功能实现模拟信号转换为数字信号的功能；第六部分 STC15F2K60S2 单片机接收转换后的数字信号并做相应的处理，根据按键状态控制测量的类型和单位；第七部分为测量结果显示部分，采用的是 128×64 的液晶显示器。本系统的硬件框图如图 7.10 所示。

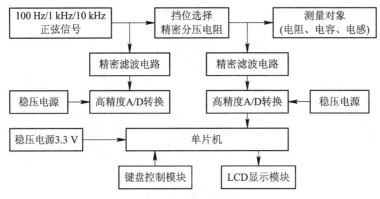

图 7.10　硬件框图

　　软件由四部分组成：① 控制测量程序，单片机控制测量程序不仅担负着量程的识别与转换，还负责数据的修正和传输，因此主控制器的工作状态直接决定着整个测量系统能否正常工作，控制测量程序对整个测量至关重要；② 按键处理程序，根据按键的状态做相应的功能设置；③ 电阻、电感、电容计算程序，单片机根据 A/D 转换得到的电压值计算出电阻、电感或者电容值；④ 液晶模块显示程序。本系统的程序框图如图 7.11 所示。

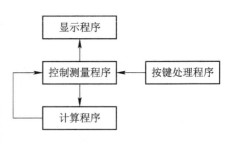

图 7.11　程序框图

2．系统模块设计

1）电源模块

输入的外部电源首先经过桥式整流、滤波电路滤波，再经过 AMS1117 芯片稳压成 3.3 V的直流电压，向 STC15F2K60S2 主控制器供电。

2）信号产生模块

标准正弦波的产生是保证测量仪准确的重要基础，特别是在测量电抗元件的电容和电感时，正弦波的失真将产生难以修正的错误，直接影响测量精度，因此在该测量仪中为保证测量精度，采用 ICL8038 芯片产生正弦波。ICL8038 精密函数发生器是采用肖特基势垒二极管等先进工艺制成的单片集成电路，具有电源电压范围宽、稳定度高、易用等优点，外部只需接入很少的元件即可工作，可产生多种频率的正弦波，其函数波形的频率受内部或外部电压的控制。

3）整流滤波模块

整流滤波模块采用 LM324 的集成运放和 *LC* 电路对 *LRC* 测试模块产生的信号进行整流

滤波,因为测试模块产生的信号是正弦波,而绝大部分 A/D 转换芯片不支持负电压采样,所以要先将正弦波负半部分通过整流变正后再送入 A/D 转换器采样。因为整流滤波负载电路是高阻输入,但也不是无穷大,所以在设计测试模块时,分压电阻最好小于 100 kΩ。

4) AD 采样模块

本模块利用 STC15F2K60S2 单片机自带的 A/D 转换功能把整流滤波后的模拟信号转换为单片机能够处理的数字信号,并传送给处理器。

5) 主控制模块

本模块采用 STC15F2K60S2 单片机控制 A/D 转换,并对转换结果进行接收和处理,通过按键控制测量对象的类型和单位。

6) 显示模块

显示模块通过 LCD 驱动程序对 STC15F2K60S2 处理后的结果进行稳定显示,要求在测试期间显示能够保持稳定状态,当离开测试后能够迅速归零。

7.5 手写绘图板

任务

利用普通 PCB 覆铜板设计和制作手写绘图输入设备。系统的构成框图如图 7.12 所示。普通覆铜板尺寸为 15 cm × 10 cm,其四角用导线连接到电路,同时,一根带导线的普通表笔连接到电路。表笔可与覆铜板表面任意位置接触,电路应能检测表笔与铜箔的接触,并测量触点位置,进而实现手写绘图功能。在覆铜板表面,自行绘制横、纵坐标以及 6 cm × 4 cm 的高精度区 A 和 12 cm × 8 cm 的一般精度区 B,如图 7.12 中的两个虚线框所示。

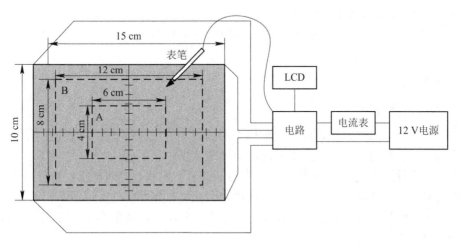

图 7.12 系统的构成框图

要求

1. 基础部分

(1) 具有指示功能,即表笔接触铜箔表面时,能给出明确显示。

(2) 能正确显示触点位于纵坐标左还是右。

(3) 能正确显示触点的四象限位置。

(4) 能正确显示坐标值。

(5) 显示坐标值的分辨率为 10 mm，绝对误差不大于 5 mm。

2．发挥部分

(1) 进一步提高坐标分辨率至 8 mm 和 6 mm。当分辨率为 8 mm 时，绝对误差不大于 4 mm；当分辨率为 6 mm 时，绝对误差不大于 3 mm。

(2) 能跟踪表笔动作，并显示绘图轨迹。在 A 区画直径分别为 20 mm、12 mm 和 8 mm 的三个圆，并显示这些圆。直径为 20 mm 的圆要求在 10 s 内完成，其他圆不要求完成时间。

(3) 功耗为总电流乘 12 V。功耗越低，得分越高，要求功耗等于或小于 1.5 W。

(4) 其他，如显示文字，提高坐标分辨率等。

3．说明

(1) 必须使用普通的覆铜板。

① 不得更换其他高电阻率的材料。

② 不得对铜箔表面进行改变电阻率的特殊镀层处理。

③ 自行绘制覆铜板表面的刻度，测试时以该刻度为准。

④ 考虑到绘制刻度影响测量，不要求表笔接触刻度线条时也具有正确的检测能力。

(2) 覆铜板到电路的连接应满足以下条件：

① 只有铜箔四角可连接到电路，除此之外不应有其他连接点(表笔触点除外)。

② 不得使用任何额外的传感装置。

(3) 表笔可选用一般的万用表表笔。

(4) 电源供电必须为单 12 V 供电。

(5) 本节"要求"中的"基础部分"除(5)外均在 B 区完成，关于分辨率和圆的部分均在 A 区完成。

设计思路

1．整体方案分析

恒流源以恒定电流流过铜板，在铜板不同位置上的电压值不同，使用表笔将触碰点的电压值采回，以对角线为一组采集两次，即可定位点。

手写绘图板分为 5 个独立模块，分别为液晶显示模块、电源模块、单片机模块、A/D 采集放大模块、覆铜板操作区域。单片机模块负责对采集信号进行处理和分析，液晶显示模块显示基本信息要素，A/D 采集放大模块用于提取微弱的 A/D 信号。手写绘图板的整体设计框图如图 7.13 所示。

本设计方案采用自制恒流源作为驱动，恒流源经覆铜板(电阻)后形成微弱电压信号，该信号经 INA118、OPA330 专业仪表放大器放大后，经过 ADS1110 电压采集模块，之后送入单片机进行处理，通过数据拟合，实现坐标定位。所要求的数据将在 JLX12864 上显示，表笔接触铜箔表面时，能正确显示触点在四象限中的位置与坐标值。当分辨率为 6 mm 时，该设计方案的绝对误差不大于 3 mm。

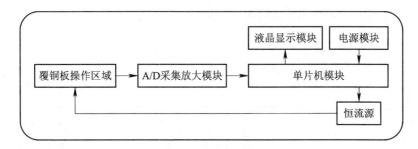

图 7.13　整体设计框图

1) 电源模块

电源模块包括 +5 V、+12 V 稳压模块与 REF3233 基准源电压模块。其中，+5 V、+12 V 稳压模块由线性稳压芯片 LM2940 芯片构成，在芯片电源输入脚与输出脚之间放置滤波电容，以减小电源纹波。稳压模块也可采用 LM7805 和 LM7812 构成。REF3233 基准源电压模块给 A/D 采集放大模块提供电源，电路图如图 7.14 所示。

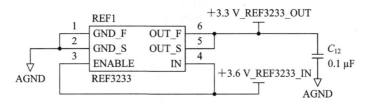

图 7.14　REF3233 基准源电压模块

2) 二级信号放大电路

二级信号放大电路采用高带宽、高共模抑制比的精密仪用放大芯片 INA118 构成。二级信号放大电路模块的原理图如图 7.15 所示。

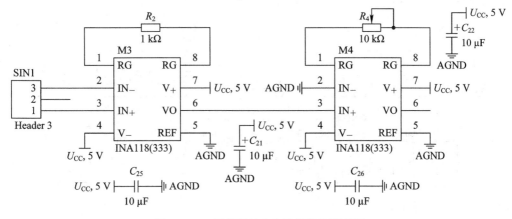

图 7.15　二级信号放大电路模块的原理图

3) MOS 管驱动电路

单片机通过控制信号 CrIO1、CrIO3，让 NM1 和 NM3 两个 MOS 管同时导通，使覆铜板对角线一段有电流输出。测得表笔的电压值后，切换导通回路控制信号 CrIO2、CrIO4，让 NM2 和 NM4 两个 MOS 管同时导通，实现另一对角线的恒流源驱动，获得另一组表笔测量值，从而实现表笔定位测量。MOS 管驱动电路如图 7.16 所示。

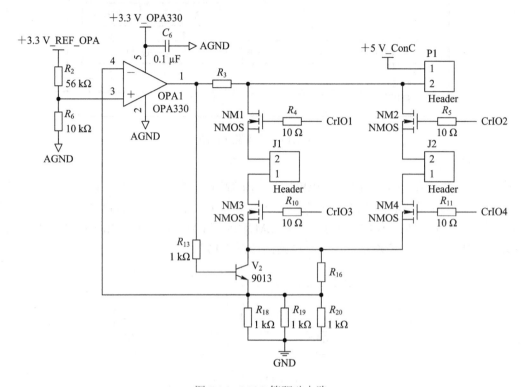

图 7.16　MOS 管驱动电路

4) ADS1110 电压采集模块

经过 ADS1110 转换后，单片机驱动 SDA、SCL 两条线即可读取 A/D 转换结果。ADS1110 模块原理图如图 7.17 所示。

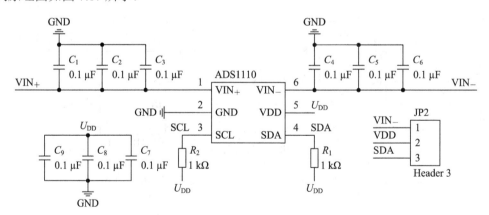

图 7.17　ADS1110 模块原理图

5) 液晶模块

液晶模块的分辨率为 128×64。采用 LCD 液晶可极大提高系统人机交互界面的可视性。LCD_BK、LCD_SCK、LCD_SDA、LCD_RS、LCD_RST、LCD_CS 作为 LCD 串行接口分别接 JLX12864 的对应接口，如图 7.18 所示。液晶模块的详细使用方法，请参考 4.2.2 节。

2．坐标测试方案

本系统要求：提高坐标分辨率至 8 mm 和 6 mm，当分辨率为 8 mm 时，绝对误差不大于 4 mm；当分辨率为 6 mm 时，绝对误差不大于 3 mm。因为覆铜板大小为 15 cm × 10 cm，所以精度为 3 mm / 150 mm = 1/50。考虑到覆铜板的电阻几乎为 0，直接测量难度较大，可采用恒流源电流通过指定覆铜板，将 A 端接电源，C 端接地，或 B 端接电源，D 端接地，由电压的分压原理及电压与长度 L_{yi} 和 L_{xi} 的关系，可得坐标测试方案如图 7.19 所示。

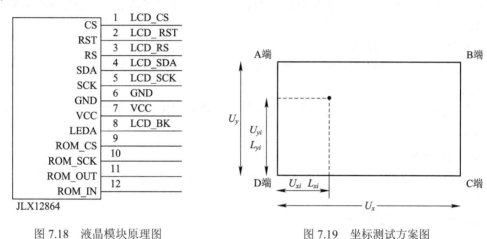

图 7.18　液晶模块原理图　　　　　　　　图 7.19　坐标测试方案图

3．软件设计流程

该系统的软件设计流程如图 7.20 所示。

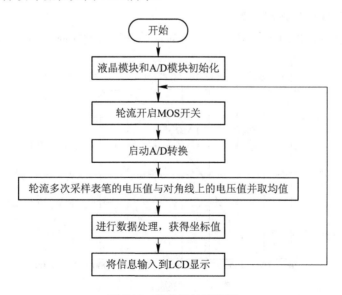

图 7.20　软件设计流程图

7.6 人体参数综合监测系统

任务

设计一个人体综合监测系统，能够测量常规的人体参数信号，包括心电、脉搏、血压和血氧饱和度等。

要求

1．基础部分

(1) 可测量心电、脉搏、血压及血氧饱和度信号，并可在显示屏上显示当前测量值及相应的波形图。

(2) 测量误差不超过±5%。

(3) 采集放大后的信号无失真，在电路板上需预留示波器测量接口，观察经放大处理后的波形。

(4) 由电池供电，尽可能将系统功耗降低。在电路板上需预留电流测试端口，用于功耗测量。

2．发挥部分

(1) 采用无线模块，如 CC256x、CC254x 蓝牙模块，将相关信息发送至手机或其他设备进行显示。

(2) 测量误差不超过±1%。

设计思路

脉搏信号测试方案参照 6.4 节。

心电信号测试方案参照 6.4 节。

1．血氧饱和度信号测试方案

使用光敏元件 OPT101 作为接收管，其对应的光波长响应曲线如图 7.21 所示。

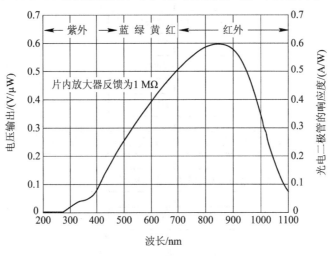

图 7.21 光波长响应曲线

OPT101 将感光部件和放大器集成在同一个芯片内部,可有效克服后端运算放大器空载电流输出对光敏器件输出电流的影响。OPT101 收到的信号是交直流混叠信号,提取不同波长下的交直流成分后,即可使用计算公式计算血氧饱和度,计算公式如下:

$$SpO_2 = A \times \frac{AC(\lambda_1)/DC(\lambda_1)}{AC(\lambda_2)/DC(\lambda_2)} - B$$

式中,$A = \dfrac{\varepsilon_{22}}{\varepsilon_{11} - \varepsilon_{12}}$, $B = \dfrac{\varepsilon_{21}}{\varepsilon_{11} - \varepsilon_{12}}$,$\varepsilon_{11}$ 和 ε_{12} 是 HbO$_2$ 和 Hb 在波长 λ_1 处的吸收系数,ε_{21} 和 ε_{22} 是 HbO$_2$ 和 Hb 在波长 λ_2 处的吸收系数;$AC(\lambda)$ 和 $DC(\lambda)$ 分别表示在波长 λ 下测得的交流和直流电压幅值。

血氧饱合度信号提取系统框图如图 7.22 所示。

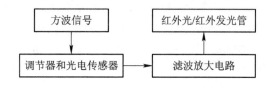

图 7.22　血氧饱和度信号提取系统框图

2. 血压信号测试方案

该部分采用 1210 系列传感器来实现。该传感器为低压传感器,是经温度补偿的硅压阻式压力传感器,采用双列直插封装结构,适用于要求成本低、性能优越、长期稳定性好的应用领域。该传感器通过激光蚀刻的电阻可实现 0～50℃ 的温度补偿。该传感器还配有一个激光修正的电阻,用于调节差动放大器的增益,使其具有良好的互换性,其互换性误差为 ±1%。1210 系列传感器也有 0～100 PSI(注:100 PSI≈6.89 MPa)量程的产品。这种传感器是通过电流调节电阻替换增益调节电阻来进行温度补偿的。

血压信号提取系统框图如图 7.23 所示。

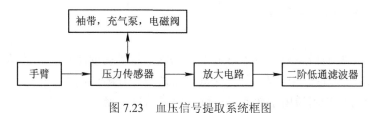

图 7.23　血压信号提取系统框图

7.7　数字示波器

任务

设计并制作一台具有实时采样方式和等效采样方式的数字示波器,示意图如图 7.24 所示。

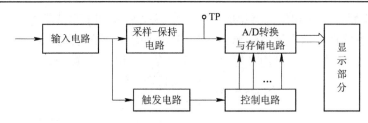

图 7.24　数字示波器示意图

要求

1．基础部分

(1) 被测周期信号的频率范围为 10 Hz～10 MHz，仪器的输入阻抗为 1 MΩ，显示屏的刻度为 8 div × 10 div，垂直分辨率为 8 bit，水平显示分辨率≥20 点/ div。

(2) 垂直灵敏度要求含 1 V/div、0.1 V/div 两挡，电压测量误差≤5%。

(3) 实时采样速率≤1 MS/s，等效采样速率≥200 MS/s，扫描速度为 20 ms/div、2 μs /div、100 ns/div 三挡，波形周期测量误差≤5%。

(4) 仪器的触发电路采用内触发方式，要求上升沿触发，触发电平可调。

(5) 被测信号的显示波形应无明显失真。

2．发挥部分

(1) 提高仪器的垂直灵敏度，要求增加 2 mV/div 挡，其电压测量误差≤5%，输入短路时输出噪声的峰-峰值小于 2 mV。

(2) 增加存储/调出功能，即按动一次"存储"键，仪器即可存储当前波形，并能在需要时调出存储的波形予以显示。

(3) 增加单次触发功能，即按动一次"单次触发"键，仪器能对满足触发条件的信号进行一次采集与存储(被测信号的频率范围限定为 10 Hz～50 kHz)。

(4) 能提供频率为 100 kHz 的方波校准信号，要求幅度值为 0.3 × (1±5%)V(负载电阻≥1 MΩ时)，频率误差≤5%。

说明：

(1) A/D 转换器的最高采样速率限定为 1 MS/s，并要求设计独立的采样-保持电路。为方便检测，要求在 A/D 转换器和采样-保持电路之间设置测试端子 TP。

(2) 显示部分可采用通用示波器，也可采用液晶显示器。

(3) 等效采样的概念可参考蒋焕文等编著的《电子测量》一书中采样示波器的相关内容，或陈尚松等编著的《电子测量与仪器》等相关资料。

(4) 设计报告正文中应包括系统总体框图、核心电路原理图、主要流程图、主要的测试结果。完整的电路原理图、重要的源程序和完整的测试结果可用附件给出。

设计思路

1．整体方案分析

数字示波器的系统框图如图 7.25 所示，主要由 STM32 控制单元、信号输入阻抗匹配单元、信号调理单元、A/D 采样单元、FIFO 存储单元、时钟单元、TFT 显示单元等组成。

输入信号经阻抗匹配后，送入信号调理单元，将信号的幅度放大或衰减到适合 A/D 采样的范围内，A/D 采样单元对电压峰-峰值为 2 V 的信号进行 A/D 采样，并将采样结果存入 FIFO存储单元中。CPU 从 FIFO 存储单元中读取数据并进行内插运算，然后根据用户通过键盘输入的指令将信号波形显示在 TFT 液晶屏上。另外，CPU 还可以将数据通过 RS232 接口上传给上位机，或进行打印等处理。

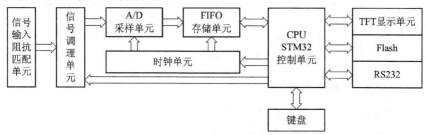

图 7.25　数字示波器的系统框图

1) 信号输入阻抗匹配电路

对于低速数据采集，由于信号反射对信号传输过程的影响微乎其微，因此低速数据采集系统良好的高阻抗性能对提高系统的测量精确度有很大的意义。本设计中采用电压跟随器实现阻抗变换。数据采集系统中阻抗变换电路的设计方案如图 7.26 所示，其输入阻抗为 1 MΩ。

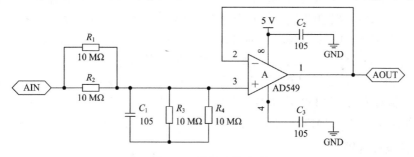

图 7.26　阻抗变换电路

2) 信号调理电路

信号调理电路主要采用具有可变增益的数字程控放大器 AD8260。AD8260 是 AD 公司生产的一款大电流驱动器及低噪声数字可编程可变增益放大器。该器件的增益的调节范围为−6～+24 dB，可调增益的−3 dB 带宽为 230 MHz，可采取单电源或双电源供电，主要用于数字控制自动增益以及收发信号处理等领域。本设计主要使用其数字控制自动增益功能。AD8260 内部的数字程控增益功能框图如图 7.27 所示。经阻抗匹配后的信号可直接输入AD8260 的 17、18 脚。

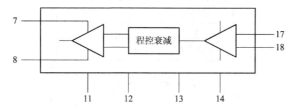

图 7.27　AD8260 内部的数字程控增益功能框图

信号经 AD8260 内部前端放大器 6 dB 的固定增益放大、−30 dB 程控衰减以及末级放大器 18 dB 固定增益放大后，由 7 和 8 脚输出。第 11、12、13、14 脚为四位数字控制信号 (D0、D1、D2、D3)，与 STM32 的 I/O 口直接连接，实现增益控制。表 7.1 给出了 AD8260 的增益调节真值表。

表 7.1　AD8260 的增益调节真值表

D3D2D1D0	0001	0010	0011	0100	0101	0110	0111	1000	1001	1010	1011
增益/dB	−6	−3	0	3	6	9	12	15	18	21	24

3) A/D 转换器和 FIFO 存储器

在数据采集电路设计中，选用 BB 公司的 8 位高速 A/D 转换器 ADS830E，最高采样频率为 60 MS/s，最低采样频率为 10 kS/s。8 位高速 A/D 转换器 ADS830E 的显示分辨率为 256 格，能够满足分辨率为 640×480 的 TFT 显示模块。

FIFO 存储器采用 IDT7204 高速缓存，其缓存深度达 1024 KB。FIFO 存储器是一种双口的 SRAM，没有地址线，随着写入或读取信号使数据地址指针递加或递减来实现寻址。

4) 时钟产生电路

时钟产生电路为 A/D 转换器提供了一系列采样时钟信号，共有 8 种频率，分别对应不同的水平扫速。时钟产生电路主要由高稳定度的温补晶振、分频器 74LS390、多路选择器 74F151 以及分频器 74F74 构成。基准时钟信号由一块 60 MHz 的温度补偿型有源晶体模块提供，输出的 60 MHz 信号经过分频器多次分频后得到 8 种不同的频率，然后送入多路选择器 74F151。STM32 通过控制 74F151 的三根选通信号线来选择所需的采样频率。另外，中央控制器采用 STM32 处理器，主频设为 80 MHz。显示器采用分辨率为 640×480 的 TFT 显示模块，与 STM32 之间采用 SPI 接口，与其他上位机通信采用 RS232 接口。

2. 软件设计流程

系统软件设计采用模块化设计方法，整个程序主要由初始化程序、键盘扫描程序、频率控制程序、触发程序等组成，如图 7.28 所示。

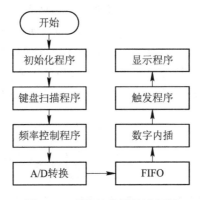

图 7.28　系统软件设计流程图

参 考 文 献

[1] SCHERZ P. 实用电子元器件与电路基础. 2 版. 夏建生，王仲奕，刘晓晖，等译. 北京：电子工业出版社，2009.

[2] INA128 数据手册. www.ti.com.

[3] 陈桂友，万鹏，吴延荣，等. 单片微型计算机原理及接口技术. 北京：高等教育出版社，2012.

[4] 宏晶科技. STC15F2K60S2 单片机器件手册，2009. http://www.stcmcu.com.

[5] CARTER B. 运算放大器权威指南. 4 版. 孙宗晓，译. 北京：人民邮电出版社，2014.

[6] 郭天祥. 新概念 51 单片机 C 语言教程：入门、提高、开发、拓展. 北京：电子工业出版社，2009.

[7] 张国雄. 测控电路. 北京：机械工业出版社，2011.

[8] 黄智伟，王明华. 全国大学生电子设计竞赛常用电路模块制作. 2 版. 北京：北京航空航天大学出版社，2016.

[9] 胡仁杰，堵国梁，黄慧春. 全国大学生电子设计竞赛优秀作品设计报告选编. 南京：东南大学出版社，2016.

[10] 全国大学生电子设计竞赛组委会. 第十一届全国大学生电子设计竞赛获奖作品选编. 北京：北京理工大学出版社，2015.

[11] 全国大学生电子设计竞赛组委会. 全国大学生电子设计竞赛获奖作品选编(2005). 北京：北京理工大学出版社，2007.

[12] 贺忠海. 医学电子仪器设计. 北京：机械工业出版社，2014.